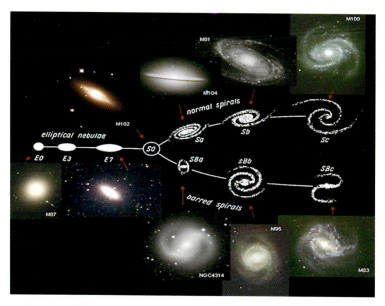

口絵1　近傍宇宙で観測されるさまざまな形態の銀河

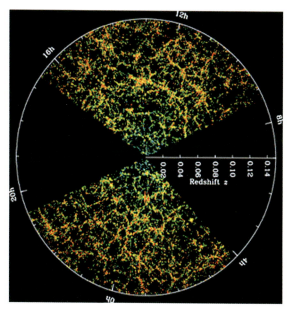

口絵2　約20億光年以内の宇宙における銀河の空間分布
（出所）　SDSS

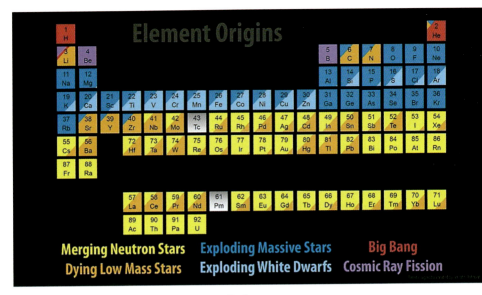

口絵 3　元素の起源別に色分けした周期表
(出所)　　CALTECH

口絵 4　太陽光の可視光スペクトル。連続光の中に多数の吸収線が見られる
(出所)　　国立天文台 岡山天体物理観測所

口絵5　The Pillars of Creation
（出所）　NASA

口絵6　ハービッグ・ハロー天体 HH47
（出所）　J. Morse/STScI, and NASA/ESA

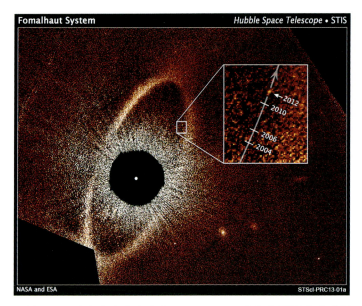

口絵7 　みなみのうお座のフォーマルハウトを周回する惑星が，ハッブル宇宙望遠鏡によって直接撮像された
（出所）　NASA/ESA

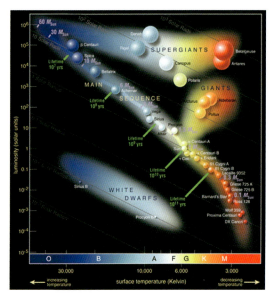

口絵8 　太陽近傍の主な恒星のヘルツシュプルング・ラッセル図（HR図）
（出所）　2004 Pearson Education, publishing as Addison Wesley

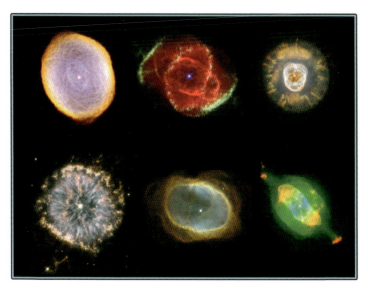

口絵9 　さまざまな惑星状星雲
　　　　惑星状星雲 IC 418（上左），NGC 6543（上中央），NGC 2392（上右），NGC 6751（下左），NGC 3132（下中央），NGC 7009（下右）。中心星は冷えて数万年後に白色矮星となる。
（出所）　　NASA

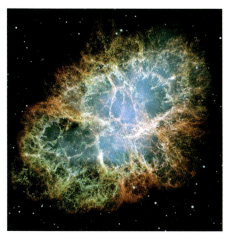

口絵10 　超新星残骸かに星雲
（出所）　　NASA

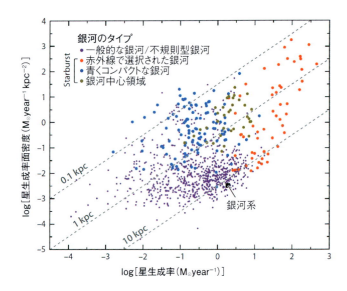

口絵11　銀河において観測される星生成率および星生成率面密度の多様性
（出所）　Kennicutt & Evans 2012, ARA&A, 50, 531

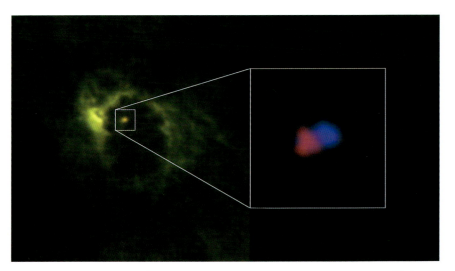

口絵12　NGC 1068の中心部でアルマにより検出された，トーラスに付随する高密度分子ガスの回転円盤

左図は密度の高い分子ガスを反映するシアン化水素（HCN）およびホルミルイオン（HCO+）からの輝線を擬似カラー（HCNは緑，HCO+は赤）で示している。右図はHCNからの輝線のうち銀河に対して相対的に遠ざかるガスを赤で，また相対的に近いガスを青で示しており，大質量ブラックホールをとりまくガスの回転運動を捉えていると考えられる。

（出所）　Imanishi *et al.* 2018, ApJ, 853, L25

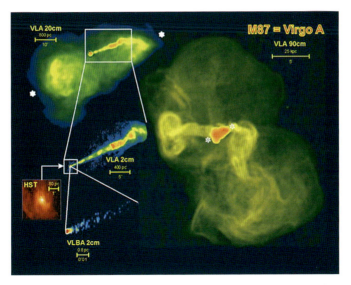

口絵13　M87で観測されるさまざまな空間スケールでの電波ジェット
(出所)　NRAO

口絵14　HSTで観測された銀河団 MACS1149.6 ＋ 2223
(出所)　NASA

口絵15　銀河相互作用のさまざまな段階にある銀河の HST による画像
(出所)　ESA

口絵16　銀河系とアンドロメダ銀河の衝突・合体（理論予測）
(出所)　NASA/ESA/Z. Levay and R. van der Marel（STScl）, T. Hallas, and A. Mellinger, STScl-PRC12-20b

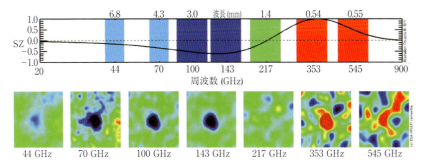

口絵17 理論的に計算される SZ 効果の強さ（上段；負は周囲より吸収として，正は周囲より超過として観測されることを意味する），およびプランク衛星により実際にいろいろな周波数で観測された銀河団 Abell 2319 における SZ 効果の例（下段）

（出所） Douspis, 2011

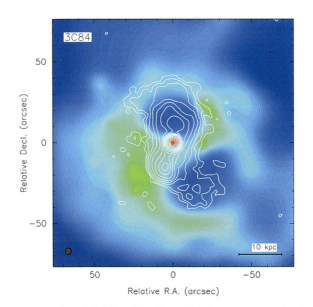

口絵18 ペルセウス銀河団のプラズマに見られるフィードバックの痕跡
擬似カラー画像は X 線で観測されるプラズマの分布，等高線は波長 20cm の電波強度分布を示している。

（出所） Fabian et al., 2000, MNRAS, 318, L65

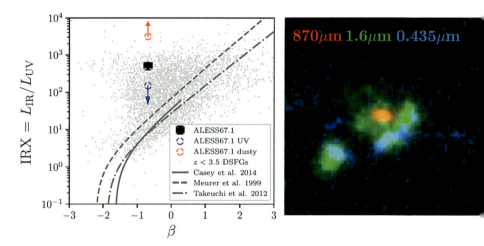

口絵19 （左図）隠された星生成活動の割合を示す赤外超過 IRX と紫外線域でのスペクトルの傾きを示す β 指数との関係。（右図）ある高赤方偏移銀河における星の分布（緑および青，HST による観測）とダストに隠された星生成領域の分布（赤，ALMA による観測）の比較

（出所）　Chen, C.-C., *et al.* 2017, ApJ, 846, 108

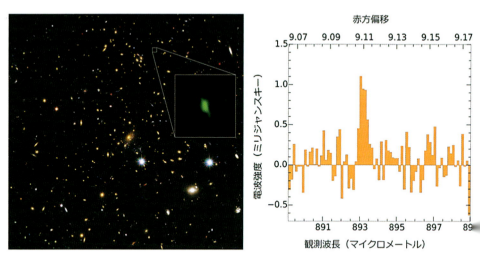

口絵20 ALMA を使って検出された初期宇宙の銀河 MACS1149-JD1 からの酸素ガス輝線（[OIII] 88μm）の分布（左図，緑色）およびスペクトル（右図）
この観測により，赤方偏移が 9.1096±0.006 と精密に測定された。

（出所）　国立天文台

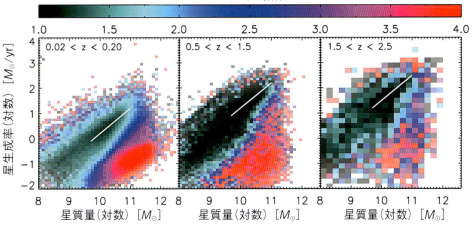

口絵21 いろいろな赤方偏移における星生成銀河の主系列とその形態

(出所) Wuyts et al. 2011, ApJ, 742, 96

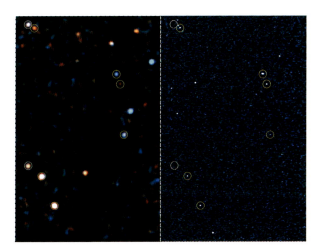

口絵22 原始銀河団SSA22中心領域におけるX線とサブミリ波で見た銀河分布

(出所) 梅畑豪紀（理化学研究所）提供，Umehata et al. 2017, ApJ, 835, 98

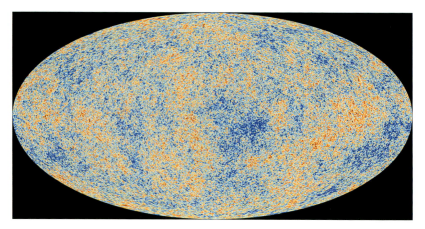

口絵23　Planck探査機によるCMB全天温度地図
(出所)　ESA

口絵24　ボイジャーが撮影したペイル・ブルー・ドット
(出所)　NASA

宇宙の誕生と進化

谷口義明

宇宙の誕生と進化（'19）

©2019　谷口義明

装丁・ブックデザイン：畑中　猛

まえがき

　私たちは「この」宇宙に住んでいる．では「この」宇宙とは何だろう．誰しも一度は考えたことのある問題ではないだろうか？　しかしながら，このような根源的な問題に対する答えを用意することは一般に容易ではない．実際，最先端の天文学による観測事実，そして現代物理学や科学の叡智を総動員しても，明確な答えは出ていない．それが現状である．

　振り返ってみれば，人類はいつの時代も自分たちの住んでいる宇宙について考えてきた歴史がある．最初は自分たちの住んでいる地上の片隅について，そして地球，太陽系，銀河系，銀河が多数存在する宇宙へと視野を広げてきた．その歴史のなかで特筆すべきことがいくつかある．ここに列挙してみることにしよう．

- 地球中心主義からの脱却：16世紀から17世紀にかけて地動説が確立され，太陽系の正しい理解への道が開かれた．太陽系の果てにあるとされる彗星の故郷であるオールトの雲はまだ見えていないが，太陽系の全容解明に向けて努力がなされてきている．
- 宇宙膨張の発見からビッグバン宇宙論へ：1927年，ベルギーの司祭・物理学者ジョルジュ・ルメートル（1894-1966）は近傍宇宙の銀河の観測データ（距離と視線速度）から，遠方の銀河ほど速い速度で運動していることを発見し，この観測事実からこの宇宙は膨張していることを突き止めた（この発見はアメリカの天文学者エドウィン・ハッブル（1889-1953）によって1929年になされたとされていたが，文献調査によりルメートルによる発見であることが確認されている）．この発見は「宇宙は有限の過去に灼熱の火の玉からスタートした」とする，いわゆるビッグバン宇宙論をもたらした．そしてビッグバン宇宙論の予測す

る宇宙マイクロ波背景放射が観測され，その詳細な観測から宇宙論に関わる重要なパラメータが評価されるようになった。138億年という宇宙年齢も然りである。
・宇宙の進化を支配する謎の物質とエネルギーの発見：ダークマターとダークエネルギーのことである。両者は現在の宇宙の質量密度の，それぞれ27％と68％を占める。したがって私たちの知っている原子の質量密度はわずか5％にしかすぎないことがわかっている。驚くべきことに両者の正体はいまだ不明のままである。
・古典力学から一般相対性理論の世界へ：重力理論は一般相対性理論の登場によって大きな変革を受けた。一般相対性理論の予測したブラックホール，重力レンズ効果，そして重力波はことごとく検出され，現代天文学および物理学の発展に大きな寄与を果たしてきている。特に，重力波の検出は人類が宇宙からやってくる情報として用いてきた電磁波と宇宙線による観測に加えて，新しい窓を開いてくれた。

　ほかにも，素粒子物理学などの基礎物理学の発展も著しい。一方，地球外知的生命探査の観点から宇宙生物学という研究分野も急速に発展してきている。今や，宇宙論の意味する内容が多岐に及んでいることは論をまたないであろう。しかし，千里の道も一歩からである。現在までにわかっている「宇宙の誕生と進化」について系統的に学んでおくことは大切である。本講義はまさにそのために用意されたものである。

　本講義は放送大学教養学部，自然と環境コースの専門科目の一つであり，「宇宙とその進化（'14）」の後継科目として位置付けられている。天文学関係では「初歩からの宇宙の科学（'17）」と「太陽と太陽系の科学（'18）」も開設されているので適宜利用されることを推奨したい。さて，本講義の最大のキーワードは宇宙論であるが，宇宙を観測する際に基本的なユニットになっている恒星と銀河の誕生と進化の解説も大きな柱に

据えている。恒星や銀河の誕生と進化を理解せずに，宇宙の誕生と進化を理解することは不可能だからである。そのうえで，宇宙全体の進化を支配しているダークな部分，ダークマターとダークエネルギーの役割を理解できるように配慮した。本講義が他の関連科目も含めて，宇宙を総合的に理解する一助となれば幸いである。

　宇宙の理解には物理学の基礎を学んでおく必要があるが，本書では紙面の都合上割愛させていただいた。また，宇宙の観測はあらゆる電磁波，重力波，そして地球に飛来する粒子や宇宙線など多岐にわたっている。そのため，天文台などの観測施設や各種観測装置の構造や仕組みを理解しておくことが望ましい。しかしながら，これらの説明も同様に割愛させていただいた。その代わり巻末に参考書・参考文献を挙げておいたので，適宜利用して理解に努めて欲しい。

　なお，本書の作成にあたっては放送大学教育振興会，および友人社の松野さやか氏に多大なるご助力をいただきました。末尾になり恐縮ですが，深く感謝させていただきます。

2018 年 10 月

谷口　義明

目 次

まえがき　　　谷口　義明　3

1 宇宙にある天体　　　｜谷口　義明　11
1.1　宇宙とは何か　11
1.2　宇宙にあるもの　12
1.3　変化する宇宙　24

2 宇宙を観る　　　｜谷口　義明　27
2.1　宇宙を観る　27
2.2　電磁波で宇宙を観る　28
2.3　宇宙から飛来する物質や粒子で宇宙を観る　38
2.4　重力波　43

3 宇宙を読む　　　｜谷口　義明　46
3.1　人類の宇宙観の歴史　46
3.2　宇宙の根源を読む　56
3.3　宇宙の未来　63

4 星間ガスと恒星・惑星系　　　｜山岡　均　69
4.1　恒星の材料　69
4.2　星間ガスの収縮と原始星　71
4.3　原始惑星系円盤とその観測　73
4.4　太陽系外惑星の観測　75

5 | 恒星の内部構造　　　山岡 均　81

5.1　恒星の観測量　81
5.2　HR図と恒星の種別　84
5.3　恒星の質量と質量 – 光度関係　84
5.4　恒星の内部構造　86
5.5　恒星のエネルギー源　90

6 | 恒星の進化と最期　　　山岡 均　96

6.1　恒星進化の後期　96
6.2　中質量星の最期　101
6.3　大質量星の進化　104
6.4　連星と激変星　107

7 | 超新星爆発と宇宙の化学進化　　　山岡 均　111

7.1　超新星爆発　111
7.2　ビッグバン元素合成と恒星の主要な核生成物　115
7.3　軽い原子核とs – 過程元素　116
7.4　激しい核反応　117
7.5　恒星の世代と宇宙の化学進化　119

8 | 銀河の多様性と規則性　　　河野孝太郎　123

8.1　普通って何？　123
8.2　銀河の形態　124
8.3　銀河の表面輝度分布　126
8.4　銀河の光度と星質量　128
8.5　銀河の色　130
8.6　銀河の金属量　133
8.7　星生成銀河のスケーリング則　134
8.8　力学的特徴とスケーリング則　138
8.9　銀河の活動性　140

9 銀河をとりまく環境問題　　河野孝太郎　144

- 9.1 朱に交われば　144
- 9.2 銀河団というけれど　147
- 9.3 銀河団による重力レンズ効果　149
- 9.4 銀河の相互作用　150
- 9.5 ガスの剥ぎ取り　155
- 9.6 スニヤエフ・ゼルドビッチ効果　157

10 銀河中心核と超大質量ブラックホール
　　河野孝太郎　161

- 10.1 宇宙に存在するブラックホール　161
- 10.2 ブラックホールの明るさと質量降着率　164
- 10.3 エディントン限界光度　165
- 10.4 ブラックホールの大きさ　167
- 10.5 ブラックホールの体重測定　169
- 10.6 中間質量ブラックホール　171
- 10.7 銀河とブラックホールの共進化　173
- 10.8 活動銀河核からのフィードバック　174
- 10.9 ブラックホールの作り方　178

11 銀河の形成と進化　　河野孝太郎　182

- 11.1 宇宙における星生成活動の歴史　182
- 11.2 静止系紫外線で探る宇宙星生成史　183
- 11.3 ライマンα輝線銀河　189
- 11.4 隠された星生成　191
- 11.5 進化する星生成銀河の主系列　196
- 11.6 ダークマターとバリオンの関わり　200
- 11.7 銀河とブラックホールの成長史　202

12 膨張する宇宙　　　｜ 須藤　靖　207

- 12.1 ガリレオからハッブルへ　207
- 12.2 膨張宇宙に関する誤解　211
- 12.3 宇宙は「点から爆発して始まった」わけではない　214
- 12.4 ニュートン力学的膨張宇宙モデル　219
- 12.5 相対論的一様等方宇宙モデル　222

13 宇宙を構成するもの　　　｜ 須藤　靖　227

- 13.1 ガモフとビッグバン　227
- 13.2 標準ビッグバン宇宙モデルの確立　230
- 13.3 宇宙論パラメータ　233
- 13.4 ダークマター　238
- 13.5 ダークエネルギー　239
- 13.6 世界を知るための天文学　241

14 138億年の宇宙史　　　｜ 須藤　靖　244

- 14.1 宇宙の始まりと物理法則　244
- 14.2 インフレーションからビッグバンへ　247
- 14.3 四つの相互作用の分化　252
- 14.4 ビッグバン元素合成　254
- 14.5 宇宙の晴れ上がりと宇宙マイクロ波背景放射　259
- 14.6 天体の形成　260

15 宇宙像のさらなる広がり　　　｜ 須藤　靖　263

- 15.1 宇宙と世界　263
- 15.2 宇宙における必然と偶然　264
- 15.3 人間原理とマルチバース　267
- 15.4 太陽系外惑星から宇宙生物学へ　272
- 15.5 宇宙を知り世界を問う　276

補遺 1　　279
補遺 2　　284
参考書・参考文献　　288
索引　　290

1 | 宇宙にある天体

谷口　義明

《目標＆ポイント》　宇宙に存在するさまざまな天体を概観する。恒星と惑星，多様な星間ガス，銀河，そして銀河が織りなす宇宙の大規模構造，銀河と銀河の間の広大な空間に広がる銀河間物質などについて説明する。また，普通の物質以外の物質（ダークマター）とダークエネルギーについても概説する。
《キーワード》　恒星，惑星，星間ガス，銀河，銀河間物質，ダークマター，ダークエネルギー

1.1　宇宙とは何か

　私たちの住む世界を「宇宙」と呼び，英語ではユニバース（the Universe）と呼ぶ[1]。"uni" は "一つ" を表す接頭辞であることから，この宇宙は唯一無二の存在であることを暗に規定している。

　宇宙という言葉は紀元前2世紀に編纂された "淮南子（えなんじ）" という思想書に出てくるもので，「宇」は空間であり（天地四方上下），「宙」は時間（往古来今）を意味する。つまり，宇宙は私たちの住む三次元空間と過去・現在・未来という時間を包括するものである。

　宇宙は一つであると考えられがちだが，最新の理論的研究では，私たちの住む宇宙だけでなく，多数の宇宙が存在しているのではないかと考えられるようになってきている（第15章参照）。そのような描像では宇宙のことをマルチバース（multiverse）と呼ぶ。宇宙の誕生過程を現代の物理学の枠組みで正確に理解することは難しいが，可能性のあるモデルを探求していくと，宇宙が一つしか発生しないとは言い切れないこと

---

[1]　「秩序ある体系」としての宇宙はコスモス（cosmos）と呼ばれる。なお，この反義語はカオス（chaos）である。

がわかる。そのため,現代の宇宙論ではマルチバースの考え方が主流になってきている。しかし,本章では私たちの住む宇宙に話を限ることにする。以下では,この宇宙にどのような「もの」が存在するか見ていくことにしよう。

1.2 宇宙にあるもの

宇宙の成分表 この宇宙にあるものを大別すると,物質とエネルギーになる。さらに,物質は普通の原子からなる物質と,そうではない未知の物質に分類される。後者はダークマター(暗黒物質)と呼ばれている。一方,ここでいうエネルギーは宇宙の成分として見たとき,物質と拮抗する存在としてのエネルギーを意味し,それはダークエネルギー(暗黒エネルギー)と呼ばれている[2]。

宇宙における質量あるいはエネルギーの成分表を図1-1に示す。これは宇宙マイクロ波背景放射の精密な観測から得られたものである(第13章参照)。私たちの知っている原子からなる普通の物質の占める割合はわずか5%であり,残りの95%は正体不明のダークマターとダークエネルギーで占められていることは驚きである。

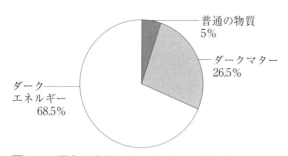

図1-1　現在の宇宙における宇宙の成分表
(出所)　ESA

2　ダークマターとダークエネルギーの"ダーク"には電磁波を一切出さないという意味に加えて,正体不明という意味が込められている。

ブラックホール ブラックホールは一般相対性理論の帰結の一つとして導かれるもので"空間的に閉じた事象の地平面の内部"として定義される[3]。ブラックホールを観測する人から見ると,時間が止まり,空間が無限に引き伸ばされ,光(電磁波)も静止する場所があり,それを事象の地平面と呼ぶ。その内部は見ることができないので,ブラックホールとなる。ブラックホールはその質量により,以下の3種類に分類される(第10章参照)。

- 恒星質量ブラックホール(stellar sized black hole, BH):質量~数 $M_\odot$ - $20M_\odot$ [4]
- 中間質量ブラックホール(intermediate mass black hole, IMBH):質量~$100M_\odot$ - $10^5M_\odot$
- 超大質量ブラックホール(supermassive black hole, SMBH):質量 >$10^6M_\odot$

恒星質量ブラックホールは大質量星(質量>約$50M_\odot$)が超新星爆発を起こして死ぬとき,恒星のコアが重力崩壊して形成される。中間質量ブラックホールと超大質量ブラックホールの成因は不明だが,超大質量ブラックホールはほとんどの銀河の中心核に存在していると考えられている[5]。また,その質量は銀河のスフェロイド成分(円盤銀河の場合はバルジ,楕円銀河の場合は銀河本体)の質量の約0.1%である。ちなみに,中間質量ブラックホールという名称は著者(谷口)らが2000年に提案したものである。

宇宙の基本物質 物質の根源は何か? 古代ギリシアの時代から脈々と

---

3 ニュートン力学では脱出速度が光速になる場所を事象の地平面として捉えることができる。実際,1784年にイギリスの科学者であるジョン・ミッチェル(1724-1793)は光の粒子説に基づき,太陽の500倍以上の質量の恒星があれば,光が恒星表面から脱出できないことを予想していた。ただ,当時はブラックホールという概念はなかった。
4 $M_\odot$は太陽質量で約2×10^{30}kgである。
5 銀河系の中心にある超大質量ブラックホールの質量は$4\times10^6M_\odot$である。

考えられてきた問題である。20世紀に入って，陽子などの核子が発見された時，これこそが物質の根源的な基本粒子だと考えられた。しかしながら，現在受け入れられている素粒子の標準模型では，核子はクォークと呼ばれる基本粒子の複合体である。陽子や中性子などは三つのクォークが組み合わされたものであり，バリオン（重粒子，baryon）と呼ばれている。一方，電子はレプトン（軽粒子，lepton）と呼ばれるカテゴリーに属する基本粒子である。電子は陽子の質量の約2000分の1しかない。そのため，物質の質量に着目する場合，バリオンの質量だけを考慮するのが習わしになっている。そのため，図1-1の普通の物質はバリオン量に相当する。また，クォークと反クォークからなる中間子（メソン，meson）がある。バリオンとメソンは強い力で結び付けられているので，まとめてハドロン（強粒子，hadron）と総称される（図1-2）。

　宇宙を支配する力は以下の4種類である（第14章参照）。
・重力
・電磁気力
・強い力[6]
・弱い力

これら四つの力はゲージ粒子を媒介して働くと考えられている[7]。例えば，電磁気力は光子（フォトン，photon）が媒介する。クォークは強い力で結び付けられていて，クォークを単体として取り出すことはできないようになっている。強い力のゲージ粒子はグルーオン（"糊"を意味する）と呼ばれる。また，弱い力はW粒子とZ粒子が媒介する。

　すべての素粒子は誕生した時には質量を持たなかった。しかし，実際には光子を除いて素粒子は固有の質量を持っている。素粒子が質量を持つときに作用した基本粒子はヒッグス粒子と呼ばれ，これも基本的な素

---

[6] 本書で単に「核力」と記されている場合は「強い力」を意味するので留意されたい。
[7] 重力を媒介するのは重力子（グラビトン，graviton）であるが，その存在は確認されていない。

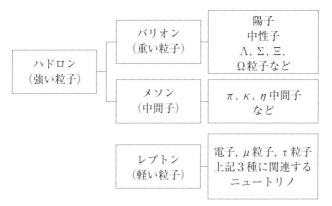

図 1-2　宇宙における基本物質の分類

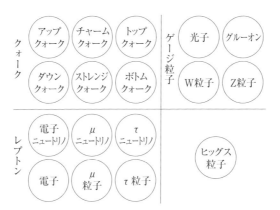

図 1-3　素粒子の標準模型における素粒子一覧

粒子の一つである[8]。以上出てきた素粒子を図 1-3 にまとめた。

　それでは，ここから宇宙に存在するものを近い順に見ていくことにしよう。

8　2012 年に欧州の大型ハドロン衝突型加速器（LHC）によりその存在が確認された。

（1） 地球

　地球は太陽の第3惑星であり，1年をかけて太陽の周りを公転運動している。質量は約 6×10^{24}kg，半径は約 6400km であり，衛星として月を従えている。地球は岩石惑星であり，大きな特徴は表面の大部分が海で覆われていることと，大気が存在することである。太陽系の惑星でこれらの特徴を持つのは地球だけである（第15章参照）。

（2） 太陽系

太陽と惑星　太陽系は太陽を中心に地球などの惑星やさまざまな小天体を従えたシステムである（図1-4）。

太陽系小天体　主として小惑星（minor planet, asteroid）と太陽系外縁

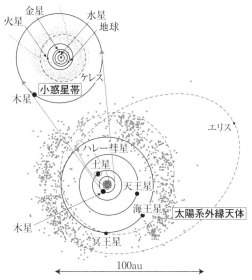

図1-4　太陽系にある惑星と小天体
冥王星は惑星ではなく準惑星と分類されている。その軌道周辺に類似の天体があるためである。下のスケールは100au[9]に相当する。

---

[9]　au = astronomical unit の略。太陽と地球の平均距離（約1億5000万 km）のことで天文単位と呼ばれる。

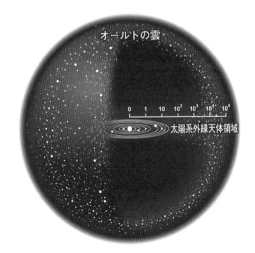

図 1-5　オールトの雲
（出所）　理科年表

天体（trans Neptunian object ［TNO］, Edgeworth-Kuiper belt object ［EKBO］）に分類される（図 1-4 および図 1-5）。それぞれ 30 万個，および数千個の天体が発見されている。サイズは 10m から，大きくても 1 km 程度である（これより小さなものは観測されにくいだけで，たくさんあると考えてよいだろう）。

　彗星の核も太陽系小天体の一種であるが，主として氷成分からなり，そのなかに岩石や塵粒子などが含まれている。そのため，"汚れた雪玉" とも呼ばれる。太陽に近づくと太陽光の放射で塵粒子や電離ガスが棚引き，雄大な尾として観測される場合がある。

　太陽系はどこまで広がっているのだろうか？　彗星のなかで周期が 200 年を超えるものは長周期彗星と呼ばれる。これらの軌道を惑星の摂動を考慮して解析した結果，彗星核は太陽から数万 au から 10 万 au もの距離からやってきていることが推定された。この彗星の故郷は解析を行っ

たオランダの天文学者ヤン・オールト（1900-1992）にちなんで"オールトの雲"と呼ばれている（図1-5）。オールトの雲は太陽系の果てであり，その外側は銀河系の星間空間になっている（（3）参照）。

太陽系の惑星系円盤にある希薄物質　太陽などの恒星は，星間ガスのなかでも低温で密度の高いガス雲である分子ガス雲内の高密度領域が自己重力で収縮して生まれる。中心部で熱核融合が発生し自ら輝くものを恒星と呼ぶ。分子ガス雲のなかの高密度領域は一般に角運動量を有しているので，恒星が生まれる際には重力収縮していくコアの周りにガス円盤が形成される（惑星系円盤）。そこには塵粒子（ダスト），塵粒子が凝縮した微惑星（惑星に成長する），そしてさまざまなガスが含まれている。

塵粒子　惑星系円盤にはガスだけでなく，塵粒子もあり，それらは太陽の光を反射して黄道光[10]として観測される。

電離ガス（プラズマ）　また惑星系円盤には電離ガス（プラズマ）も存在する。主たる供給源は太陽である。太陽の光球面の上層からは太陽コロナと呼ばれる100万Kにも及ぶプラズマが放出されている。太陽コロナは太陽風として太陽系のなかへ出ていく。また，太陽表面で発生する爆発現象である太陽フレアも特に高エネルギーのプラズマを供給する。地球などの惑星は磁気圏を持っているが，これらのプラズマと相互作用してさまざまな電磁気現象を起こしている（磁気嵐など）。

（3）銀河系

恒星の大集団　太陽系を出て，銀河系（天の川銀河）の様子を見てみよう（図1-6）。銀河系は円盤銀河である。太陽系は円盤のなかに存在しているが，銀河系の中心からは約2万6000光年離れた場所にあるので，銀河の円盤を真横から眺めることになる。図1-6にはまさにその銀河の円

---

[10] 黄道は天球面を太陽が見かけ上移動していく通り道を意味する。黄道を含む面（黄道面）のなかには惑星が含まれているので，黄道面は惑星系円盤の基本的な面になる。

図 1-6 近赤外線で見た銀河系の姿
（出所） 2MASS

盤が見えている。

ダークマターのハロー　銀河系の直径は約 10 万光年[11]もある。恒星の個数は約 2000 億個。太陽と同じ質量の恒星は数百億個もある。銀河系の質量は恒星だけを考えても $\sim 10^{11} M_\odot$ になる。しかし，力学的な質量はその約 10 倍に及ぶ。これは銀河系を取り囲むようにダークマターがあるためである[12]。

星間物質　銀河円盤部には多数の恒星が存在しているが，恒星と恒星の間には希薄な星間ガスが広がっている（水素原子の個数密度は 1 個 cm^{-3} 程度）。質量は $\sim 10^{10} M_\odot$ で，恒星質量の 1 割程度である。そのうち，約 1 ％は塵粒子が占める[13]。（2）で述べたオールトの雲は星間空間との境界である。太陽は銀河系の円盤部のなかを，銀河の回転に乗って銀河中心の周りを公転運動しているが，その時，星間ガスと相互作用する。その結果，太陽には棚引く尾が形成されている。

11　1 光年は光が 1 年間に進む距離で約 9.46 兆 km である（光速は秒速 30 万 km，補遺 1 参照）。

12　ダークマター・ハローと呼ばれ，可視光で見える銀河系の数倍のスケールに広がっている。ハロー部には銀河系本体と同程度の古い年齢を有する球状星団や，銀河円盤からはぐれた恒星，銀河系の重力場に捕捉されている高温の電離ガスなどがあるが，質量はダークマターが凌駕している。

13　現在の宇宙にある銀河ではガスと塵粒子の質量比は約 100：1 である。

（4）宇宙空間

銀河　銀河系を離れて宇宙空間を眺めてみると，そこには多様な銀河の世界が広がっている（図1-7，口絵1）。銀河系は私たちにとっては特別な存在だが，宇宙にあっては，単なる銀河の一つでしかないことに気が付く。

銀河の階層構造　銀河はそれぞれ個性的で美しい形態を示すが，孤立している銀河は少ない。銀河は群れ具合を尺度にして以下のように分類される（図1-8，口絵2）。

孤立銀河：外界と相互作用しない孤立した銀河。このような銀河は宇宙に存在しないと考えてよい。銀河系は美しい円盤銀河であるが（図1-6），

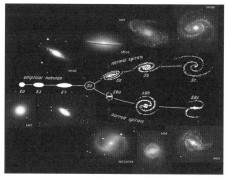

図1-7　近傍宇宙で観測されるさまざまな形態の銀河
中段に示されている模式図は"銀河のハッブル分類"と呼ばれるもので，アメリカの天文学者ハッブル（Edwin Powell Hubble, 1889-1953）が1936年に提唱したもの。図の左側には円盤を持たない楕円銀河（見かけ上，楕円に見える回転楕円体構造を有する銀河，elliptical galaxies）が配置され，右側には渦巻構造を持つ渦巻銀河（spiral galaxies, or disk galaxies）が配置されている。円盤部に棒状構造を持つもの（下段）と持たないもの（上段）の二系列に分類されている。また，楕円銀河と渦巻銀河の中間には円盤を持つが渦巻構造を持たないS0銀河が配置されている。

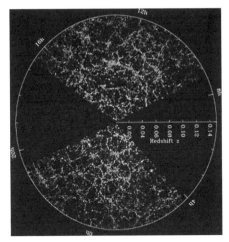

図 1-8　約 20 億光年以内の宇宙における銀河の空間分布
銀河系は図の中心にあり，一個一個の点が一つの銀河である。銀河は蜂の巣構造のような空間分布を示すが，その一方で銀河の存在しない宇宙空間があることがわかる。
（出所）　SDSS

アンドロメダ銀河（距離 250 万光年）と重力的に相互作用しており，近傍にある数十個の小さな銀河を含めて銀河群を形成している（局所銀河群）。
連銀河：2 個の銀河が重力的に相互作用しているシステム。お互いに重力圏内に入っている場合は，数億年から数十億年以内に合体して一つの銀河になる。
銀河群：3 個以上の銀河が重力的に相互作用しているシステム。銀河の最大数は数十個程度。これらも数十億年以内に合体して一つの銀河になる。
銀河団：銀河群より大きな銀河の集団で，銀河の個数は 100 個から数千個。すべての銀河の合体に要する時間は一般に現在の宇宙年齢より長い。

超銀河団：数個の銀河団が連なっている構造。銀河団までは力学的にリラックスした系であるが，超銀河団は過渡的な構造であり，今後近くの銀河団同士が合体して，より大規模な構造へと進化していく。

ボイド（void）：銀河の存在しない宇宙空間。

ハッブル宇宙望遠鏡（Hubble Space Telescope, HST）による深宇宙探査（Hubble Ultra Deep Field, HUDF）で得られた銀河の表面個数密度から推定された宇宙における銀河の個数は約1兆個である。銀河系はその一つにしかすぎない。典型的な銀河にある恒星の個数を1000億個，それぞれの恒星に付随する惑星の個数を10個としよう（太陽系では8個）。その場合，宇宙における天体の個数は以下のようになる。

・銀河の個数 = 1兆個
・恒星の個数 = 10^{23} 個
・惑星の個数 = 10^{24} 個

まさに，天文学的な個数の天体が宇宙にあることがわかる。

銀河間空間 図1-8（口絵2）を見てわかるように，銀河は連結して宇宙空間に分布しているわけではなく，銀河と銀河の間には広大な銀河間空間が存在している。宇宙空間にはダークマターやダークエネルギーが存在しているが，普通の原子物質も存在している。銀河などの構造形成の過程で銀河にならなかった希薄なガスが大半であるが，銀河から吐き出された原子物質も紛れ込んでいる。銀河間空間がビッグバン初期の元素合成で生成された元素だけだとすると，水素とヘリウムしか含まれていないはずである。しかし，恒星の内部で熱核融合された重元素も実際に観測されている。

銀河間空間の主たる原子物質は電離ガスだが，中性ガスも存在している。それらを直接観測するのは難しいが，遠方宇宙にある見かけ上明るい天体（活動銀河中心核を有するクェーサーと呼ばれる銀河[14]）の分光

---

14 銀河中心核にある超大質量ブラックホール（質量は太陽の10億倍程度）にガスが降着して，解放される重力エネルギーを電磁波のエネルギーに変換して異常に明るく輝く銀河。

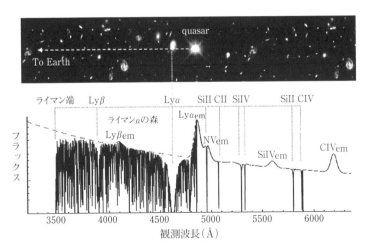

図 1-9 （上）遠方宇宙にあるクェーサーを地球から観測する様子
（下）そのスペクトルに刻まれた銀河間空間にある物質（あるいは天体）の痕跡（吸収線）

クェーサーの Lyα 輝線よりも長波長側にも吸収線が見られるが，これは重元素イオンによる吸収線である。天文学では重元素のことを金属とも呼ぶので，これらは"金属吸収線系"と呼ばれる。
（出所） arXiv：1704.00317v1

観測を行うと，銀河間空間にある原子物質は"影"として浮かび上がってくる（図 1-9）。影の正体は以下のように分類できる。
構造形成途上の低密度の中性原子ガス雲：図 1-9 でライマンα（Lyα）輝線[15]の短波長側に見られる線幅の狭い吸収線として観測され，"ライマンαの森"と呼ばれる。
深い吸収線を担う高密度のガス雲：中性原子ガスを大量に含む若い銀河，あるいはそれに付随する物質による吸収線。放射強度（フラックス）がゼロまで減衰しているので"減衰ライマンα吸収線系"と呼ばれる。ただし，銀河であるかどうか確認が取れているケースはまれである。

---

15 水素原子の再結合線で，主量子数 $n=2$ から $n=1$ に遷移する際に放射される輝線。静止系での波長は 121.6nm。

1.3 変化する宇宙

ここまで，この宇宙にあるものを概観してきたが，宇宙は常に変化していることに留意しなければならない。銀河のなかでは恒星が生まれ，そして死んでいくが，その繰返しが銀河の宿命である。また，この宇宙は 1 Mpc（約 3×10^{22} m，第 2 章参照）あたり，秒速 70km s^{-1} の速度で膨張している。宇宙は絶えず変化し続けているのである。そこで，この節では変化する宇宙について言及しておくことにしよう。

(1) 元素

現在の宇宙には 100 種類を超えるさまざまな元素がある（口絵 3）。2016 年には日本人が初めて命名したニホニウムが 113 番目の元素として登録されたことを覚えている方も多いだろう。

図 1-10 には地球と人体を構成する元素の比率を示した。いずれも酸素が最も多く，ある限られた元素がそれぞれ主役を果たしていることがわ

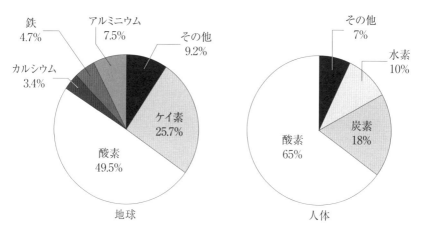

図 1-10　地球（左）と人体（右）を構成する元素の比率

かる。これは地球と地球に住む生物の特性といえるだろう。

元素の起源は大別すると，以下の3種類に分類できる。

ビッグバン元素合成：宇宙最初の3分間は高温・高圧で元素が合成された。しかし，そこで生成された元素は水素（90％）とヘリウム（10％）が主であり，後はごく微量の軽元素（リチウム，ベリリウム，ホウ素）ができたにすぎない（14.4節参照）。

恒星内部で発生する熱核融合：太陽などの主系列星では水素原子核をヘリウム原子核に核融合することが基本だが，恒星の質量や進化段階に応じて炭素以降の重い元素が生成される。しかし，鉄は核融合に対して安定な元素であるため，鉄まで合成されておしまいになる（7.2節参照）。

超新星爆発に伴う元素合成：鉄の光分解反応で生じた中性子を鉄などの元素が捕獲して，鉄より重い元素を合成する。この合成は"r（rapid）- 過程"と呼ばれる（7.4節参照）。

つまり，宇宙は水素とヘリウムしかなかった時代から始まり，その後，恒星の内部で発生する核融合と超新星爆発に伴う元素合成を経て，多様な元素を含む状態に進化してきたことになる。恒星は銀河のなかにある冷たい分子ガス雲のなかで生まれるが，元素の存在量の進化は銀河のなかでどのような質量の恒星が生まれてきたかに強く依存する（銀河の形成と進化［第11章参照］）。

（2）物質かエネルギーか

1.2の冒頭で述べたように，宇宙の成分は物質とエネルギーの2種類がある。現在の宇宙では物質が31.5％，エネルギーが68.5％を占めている。この比率は，実は一定ではない。その様子を図1-11に示した。

宇宙年齢38万年（宇宙マイクロ波背景放射が観測されている時期）の頃はダークエネルギーは無視できるほどしかないが，現在の宇宙では物

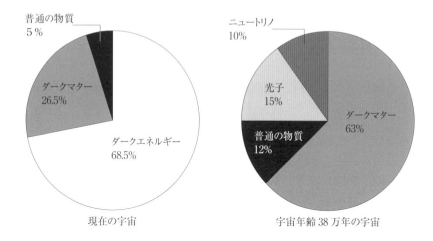

図 1-11 宇宙の成分の時間変化
左図が現在の宇宙の成分比率で，右図が宇宙年齢38万年の頃のもの。
（出所） NASA

質をはるかに凌駕している。これはダークエネルギーが空間に固有な一定密度のエネルギーであるため，空間の膨張とともに増え続けていることを意味する。しかも，宇宙年齢が60億歳の頃から宇宙の膨張を減速膨張から加速膨張のフェーズへと変化させてきている。ダークエネルギーは負の圧力を持つため，空間の膨張に対しては斥力と同じ効果を与えるためである（第13章参照）。

ダークエネルギーはダークマターとともに宇宙の主役を演じているが，これらが何であるか，人類はまだ理解していない。今後の研究の進展に期待したい。

2 | 宇宙を観る

谷口　義明

《目標＆ポイント》　宇宙を観測する方法について概観する。電磁波（ガンマ線から電波まで），宇宙線，ニュートリノなどの地球に飛来する物質，および重力波による観測方法を概観し，それぞれどのような情報を私たちに伝えてくれるかを解説する。また，ダークマターの検出方法についても言及する。
《キーワード》　電磁波，宇宙線，ニュートリノ，太陽系小天体，隕石，ダークマター，重力波，マルチメッセンジャー天文学

2.1　宇宙を観る

　宇宙を知るには，まず宇宙をつぶさに見なければならない。私たち人間は口径7mmの双眼鏡を持っている。肉眼のことである（瞳の直径が約7mmで二つの目を持つ）。肉眼で見ることができる電磁波はいわゆる可視光で，波長でいうと400nmから700nmの範囲である。この波長帯は太陽の熱放射のピークに相当する。しかも，都合のよいことに地球大気は可視光に対して透明であり，太陽光は地上に降り注ぐ（図2-1）。したがって，人類が"見る"ことに対して可視光帯を選んだのは必然ともいえるだろう。そのため，歴史的には宇宙の観測といえば可視光帯での観測に重きが置かれていた。しかし，これは人類の都合である。すべての天体は，強弱はさておき，可視光のみならず，あらゆる波長帯で電磁波を放射している。したがって，天体を正確に理解するためには全波長帯での詳細な観測が重要になる。

　一方，私たちが宇宙からの情報として検出できるのは電磁波だけでは

ない。隕石，宇宙線，ニュートリノ（中性微子），ダークマターを担う未知の素粒子，そして重力波などがある。本章では，電磁波も含めて，これらの手段を用いて宇宙を観ることの意義を解説することにしよう。

2.2 電磁波で宇宙を観る

電磁波の種類　まず，電磁波で宇宙を観測することを考える。電磁波と一言でいっても，波長によって名称が異なる（波長が短いほうからガンマ線，X線，紫外線，可視光，赤外線，電波と呼ばれる）。私たちは宇宙を地上（すなわち大気の底）から観測するので，大気を透過してくる電磁波しか観測できないという大きな制約がある。まず，地球大気の電磁波に対する透過率を見てみよう（図2-1）。これを見るとわかるように，大気はある特定の波長帯の電磁波しか透過しないことがわかる（可視光から近赤外線，および波長がミリメートルからデカメートルの電波）。それ以外の電磁波は分子による吸収（紫外線からガンマ線，および中間赤外線から遠赤外線）と電離層による反射（デカメートルより波長の長い電波）のため，地上からは観測できない。そのため，これらの波長帯で宇宙を観測するには宇宙望遠鏡が必要になる。

　宇宙望遠鏡といえばハッブル宇宙望遠鏡（HST）のことがまず頭に浮かぶだろう。実はHSTのカバーする波長帯は可視光から近赤外線（紫外線も可能）であり，地上の可視光・赤外線望遠鏡（例えば，すばる望

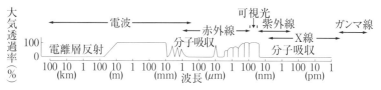

図2-1　地球大気の電磁波に対する透過率
（出所）「宇宙を読む」谷口義明（中央公論新社，2006）

遠鏡）と同じ波長帯で観測している。しかし，大気圏外で観測するため，天候の影響を受けず，大気ゆらぎによる星像の劣化もないため，非常に素晴らしい成果を出し続けている。ただし，大気ゆらぎについては地上の天文台も補償光学という装置を用いて星像の劣化をかなり軽減することができるようになってきている。

電磁波の放射過程　すべての波長帯にいえることだが，電磁波には

・熱（的）放射
・非熱（的）放射

の2種類がある。熱放射はガスの場合，粒子系がランダムな速度で熱運動している場合に放射される[16]。その時，粒子系は熱平衡状態にあり，熱の出入りはバランスしており，温度は一定に保たれている。一方，非熱放射は放射源が熱平衡状態にないときに放射される放射である。放射にはさらに以下の種類がある。

・連続光
・スペクトル線

スペクトル線は，ここでは輝線を意味する。吸収線については別途後で説明する。

熱放射に起因する連続光

黒体放射：熱平衡状態にある物体や粒子系（ガス）から放射される熱放射を黒体放射と呼ぶ。ここで，黒体とは外部から入射してくる電磁波をすべての波長帯で吸収する物体のことである。すべての波長帯の電磁波を吸収するので，色は黒になる。例えば，太陽の表面は約6000Kなので，その温度に見合った熱放射を出しており，放射のピークは可視光にくる。温度が低くなれば放射のピークは波長の長い電磁波（赤外線や電波など）

---

[16]　熱平衡状態にある場合，粒子のエネルギー準位Eはボルツマン分布$N(E) \propto \exp(-E/kT)$に従う。ここでkはボルツマン定数，Tは温度である。この後に出てくるスペクトル線についてもそうであるが，物質の放射過程を理解するには，熱力学，統計力学，原子物理学，量子力学などの知識が必要になるので，適宜学習して欲しい。放送大学の講義科目「量子と統計の物理（'15）」と「物理の世界（'17）」が参考になる。

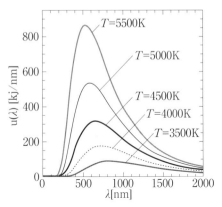

図 2-2　熱放射のスペクトルエネルギー分布
ここでスペクトルという言葉が出てくるのは，放射強度の波長依存性を表すためである。このような SED をプランク分布と呼ぶ。縦軸は放射強度，横軸は波長（nm＝ナノメートル＝10^{-9}m）。

になり，逆に温度が高くなれば波長の短い電磁波（紫外線やX線など）が放射される（図 2-2）。星間ガス内にあるダスト（塵粒子）も熱放射を出す。温度は 5K から 10K 程度なので，熱放射のピークは波長が 0.3mm から 0.9mm までのサブミリ波帯（電波）にくる。一方，密度の高い星間ガスでは星が誕生し，その放射がダストを温め，ダストの温度は 30K から 50K 程度になる。この場合，熱放射のピークは波長が数十ミクロンから数百ミクロン帯，つまり遠赤外線[17]として観測されることになる（図 2-3）。

熱制動放射：熱平衡状態にある電離ガス雲内にある自由電子がイオン（陽子や金属イオンなど）と電磁気力（クーロン力）を介して相互作用するときに放射される連続光を熱制動放射と呼ぶ。自由電子があるエネルギーから，それより低いエネルギーの状態に遷移するときに放射される

17　赤外線は波長によって，近赤外線（波長＝1-5ミクロン），中間赤外線（波長＝5-30ミクロン），遠赤外線（波長＝30-300ミクロン）に分類される。それより長い波長は電波になり，波長により，サブミリ波，ミリ波，センチ波などと呼ばれる。

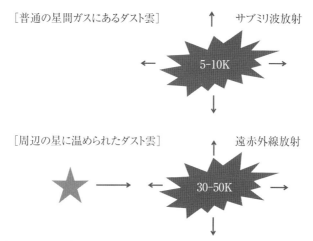

図 2-3　ダストの熱放射
下段ではわかりやすいように恒星とダスト雲を分けて描いたが，実際には恒星は密度の高い，ダストを含む星間ガス雲のなかで生まれるので，恒星はダスト雲のなかに存在していると考えてよい。

ので，自由－自由放射とも呼ばれる。放射強度は電磁波の振動数 ν に対して $\nu^{-0.1}$ に比例するので，黒体放射（図2-2）とは全く異なるスペクトルエネルギー分布（spectral energy distribution, SED）となる。熱制動放射は大質量星の紫外線で電離された電離ガス雲などで放射される。

熱放射に起因するスペクトル線（輝線）：熱平衡状態にあるガス雲（電離ガス雲や雲や分子ガス雲など）から放射されるスペクトル線（輝線）。例としては，電離ガス雲では電子と陽子が再結合するときに再結合線（図2-4）や分子ガス雲から放射される分子輝線（図2-5）などがある。

非熱放射に起因する連続光：非熱（的）放射は熱平衡状態にない物体からの放射を意味するが，放射される連続光としてはシンクロトロン放射がある。電離ガスのなかに強い磁場があり，光速に近い速度で電子が磁力線の周りを回りながら運動するときに放射される（図2-6）。超新星爆

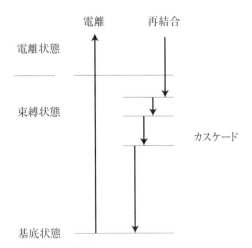

図 2-4 水素原子の電離と再結合

ロスランド・サイクルと呼ばれる。水素原子は 13.6eV（電子ボルト）のエネルギーが照射されると電離する。電子はいったん自由電子になるが，また陽子と再結合する。再結合で電子は水素原子のあるエネルギー準位に遷移するが，その準位が励起された準位である場合は，次々とエネルギーの低い準位に遷移していき，最終的にはエネルギーの最も低い基底状態に落ち着く。この過程で再結合線が放射される。エネルギー準位は主量子数 $n=1$ が基底状態で，エネルギーが上がるにつれて $n=2, 3, \cdots, \infty$（無限大）となる（励起状態）。$n=2 \to 1$ の遷移がライマン α 線，$n=3 \to 2$ の遷移が Hα 線（バルマー線）である。

発の際に放出された電離ガスは数千 km s^{-1} の速度で非熱的な運動状態にあり，シンクロトロン放射を出す超新星残骸として観測される。また，銀河中心にある超大質量ブラックホールにガスが降着して重力エネルギーを電磁波のエネルギーに変換している活動銀河中心核の場合，光速に近い速度でジェットが放出され，シンクロトロン放射が出る（図2-7）。
非熱放射に起因するスペクトル線（輝線）：非熱的な輝線放射の例はメーザーである[18]。原子や分子では通常はエネルギーの低い準位に落ち着いているが，放射や衝突過程の影響でエネルギーの高い準位にいる状態が

---

18 Microwave Amplification of Stimulated Emission of Radiation の略。マイクロ波（電波）ではなく可視光の場合は Light になるのでレーザーと呼ばれる。

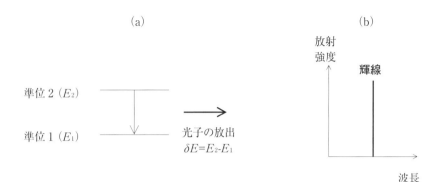

図 2-5 励起による輝線放射
[パネル(a)] 原子，イオン，分子などはエネルギーの高い準位2に励起されると，よりエネルギーの低い準位に遷移する。この時に準位間のエネルギー差に相当するエネルギーを持つ輝線を放射する [パネル(b)]。励起には2種類あり，光（電磁波）のエネルギーを吸収して励起されるか，電子などと衝突して運動エネルギーをもらって励起されるかのいずれかになる。前者を光励起，後者を衝突励起と呼ぶ。なお，輝線を線のように描いたが [パネル(b)]，実際には原子（あるいはイオンや分子）はある速度範囲で運動しているので（速度分散），それに伴ってスペクトル線には有限の幅が生じる。

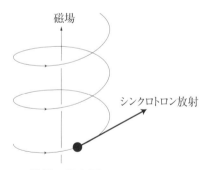

図 2-6 シンクロトロン放射の概念図
この図から明らかなようにシンクロトロン放射は強い指向性を持っている。一方，熱放射は偏りなく，四方八方に均等に放射される。

図 2-7 シンクロトロン放射の例
［左図］かに星雲（超新星残骸），［右図］楕円銀河 M87 の活動銀河中心核から出るジェット。
（出所）ハッブル宇宙望遠鏡（NASA/ESA/STScI）

つくられることがある（準位反転と呼ばれる現象）。その状態に電磁波が照射されることがトリガーとなり，強烈なメーザー輝線として観測される（誘導放射[19]）。このようなメーザー放射は活動銀河中心核の周辺や星形成領域にある高密度分子ガスなどで観測されている。

吸収線：最後に吸収線の形成メカニズムについて説明しておこう。吸収線はさまざまな状態にあるガスが自発的に放射するものではなく，ガスの背景にある連続光源から放射される電磁波を原子，イオン，分子などが吸収して現れる現象である（図 2-8）。

歴史的には太陽光のなかに現れる吸収線として観測されたことで認識された，フラウンホーファー線と呼ばれ，波長 589nm で検出された Na D 線（588.997nm の D_1 と 589.594nm の D_2 の二重線）が代表的な吸収線である（口絵 4）。吸収線はガス雲が連続光源を背景にして存在している場合，普遍的に観測される現象である。吸収線の解析により，ガス雲の物理的性質や化学的性質を調べることができるので，輝線のみならず吸収線は天体の性質の理解に有用である。

---

[19] 原子，イオン，分子などでは励起状態にあると，放っておかれても，よりエネルギーの低い安定状態へ遷移していく。この過程は自然放射と呼ばれる。誘導放射はこの自然放射と異なり，外界からの作用により強制的に放射される現象である。

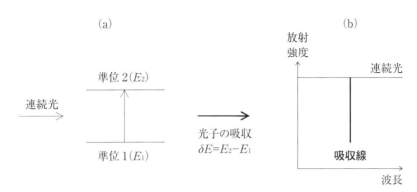

図 2-8　吸収線ができる原理
ガス中にエネルギー準位 E_1 にある原子，イオンや分子があると，背景からやってきた連続光を吸収し，よりエネルギーの高い準位 E_2 に遷移する［パネル(a)］。この時，準位間のエネルギー差 $\delta E = E_2 - E_1$ に相当する電磁波（光子）を吸収するため，吸収線として観測される［パネル(b)］。

電磁波で天の川を見る　ここまで，電磁波の放射や吸収について解説してきたので，例としてさまざまな波長帯で銀河系を眺めてみることにしよう（図2-9）。そして，銀河系から放射されるさまざまな電磁波からどのような情報を読み取れるか見ていくことにする。

低周波電波：図2-9の一番上は，周波数の低い0.4GHz（ギガヘルツ：ヘルツは1秒間あたりの振動数で，ギガは10億を意味する）の電波で見た天の川の姿である。この電波の大半は，熱放射である。

高周波電波：一方，図2-9上から3番目の図は，周波数の高い2.7GHzで見た姿であり，光速に近いスピードで運動する電子が磁力線の周りをらせん運動するときに放射されるシンクロトロン放射である。

中性水素原子の超微細構造線：図2-9上から2番目のＨ I[20]は中性水素原子が放射する波長21cmの輝線（スペクトル線）である。天の川のなかにあるガスの90%は水素なので，銀河の円盤がトレースできる。

20　中性原子状態はⅠ，1階電離状態はⅡ，2階電離状態はⅢなどのように表わされる。そのため，水素原子が電離して陽子と電子の集団になっている領域はＨⅡ領域と呼ばれる。

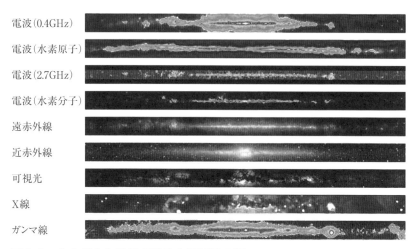

図 2-9 さまざまな波長で眺めた銀河系の姿
各パネルとも,中央が銀河系の中心である。
(出所) NASA

水素分子をトレースする一酸化炭素分子:一方,図 2-9 上から 4 番目の H_2 は水素分子である。水素分子はあまり電磁波を放射しないので,代わりに強い輝線放射を出す分子である CO(一酸化炭素分子)を使って,分子ガス雲の分布を調べているのが実情である。この時よく使われる CO 輝線は波長 2.6mm(ミリ波電波),周波数 115GHz で放射されている。

遠赤外線:図 2-9 上から 5 番目の遠赤外線は波長帯でいうと 30 ミクロンから 100 ミクロンの電磁波である。天の川のなかを漂うガス(星間ガスと呼ばれる)のなかにはダスト(塵粒子)もたくさんある(ガスに対する質量比は 100 分の 1 程度)。天の川に含まれるガスの質量は太陽の 100 億倍にもなる。この 100 分の 1 の質量を担うのがダストである。つまり,天の川には太陽の 1 億倍の質量のダストがあることになるので,無視できない。これらのダストは恒星の放射する電磁波を吸収して温まり,温

度が30K程度になり，遠赤外線帯で熱放射を出す。そのため，遠赤外線で銀河を見ると，ダストの空間分布が見えてくる。

近赤外線：図2-9上から6番目の近赤外線は波長帯でいうと1ミクロンから5ミクロンの電磁波である。この波長帯の電磁波を放射するのは，太陽より軽い，表面温度の低い恒星である。太陽の表面温度は約6000Kなので放射のピークは0.5ミクロン，つまり可視光帯にくる。ところが太陽の10分の1程度の質量しかない恒星の表面温度は3000Kから4000Kぐらいしかなく，放射される電磁波のピークは近赤外線帯にくる。近赤外線は可視光に比べてダストによる吸収や散乱の影響を受けにくいので，銀河系のなかの恒星の分布が可視光（下から3番目）に比べてよく見える。

X線：図2-9下から2番目のX線は100万Kから1000万Kもの高温のプラズマから主として放射されるシンクロトロン放射である。高温になるには，何らかのエネルギーのインプットが必要である。例えば，恒星が死ぬときの爆発現象である超新星爆発などがそのエネルギー源になっていると考えられている。

ガンマ線：図2-9一番下のガンマ線は星内部の熱核融合の際に大量に放射される。またX線同様，超新星爆発などの高エネルギー現象の際にも放射される。ガンマ線は，原子核内のエネルギー準位間の遷移によって放射されるエネルギーの高い放射線として定義されていたが，今では波長帯でX線やガンマ線を分類している。ちなみにガンマ線は波長が10pm（1ピコメートル＝10^{-12}m）より短い電磁波である。ガンマ線が核子から放射されているものが多いのは事実である。実際，ガンマ線の強度は物質が大量にある方向で強い。ガンマ線は透過力が強いので隠された核子も見つけることができるので，物質の総量を見極めるのに役立つ。

2.3　宇宙から飛来する物質や粒子で宇宙を観る

　宇宙から地球にやってくるのは電磁波だけではない．粒子，固体物質，あるいは素粒子なども地球に飛来してくる．そこで，本節ではそれらの飛来物質について解説する．

（1）太陽系小天体
　太陽系には多数の太陽系小天体がある（小惑星や太陽系外縁天体など）．太陽系は約46億年前に生まれたと考えられるが，太陽の周りにはまず原始惑星系円盤が形成され，そのなかに含まれる塵粒子や氷などが凝集し微惑星ができ，大きく成長したものが惑星として残っている．しかし，惑星に成長しきれなかった小天体が多数ある．火星と木星の軌道の間には小惑星があり，その個数は約30万個以上もある．地球近傍にも小天体が存在し，地球近傍天体（near earth object, NEO）と呼ばれている．なかには地球に衝突し隕石として痕跡を残すものもある．最近では，ロシアのチェリャビンスク州に落下したものが有名である．小天体の地球大気突入は災害に至ることもあり危険であるが，隕石は太陽系始原物質である可能性もあり，化学組成などの研究で太陽系科学の発展に寄与している．

（2）塵粒子
　太陽系円盤部にある塵粒子が地球大気に突入し発光するものが流星（meteor）である．見かけの明るさが−4等級より明るいものは区別して火球と呼ばれる．彗星核が太陽に近づいたときに放出する塵粒子は，ある軌道上にまとまって残存する．その領域に地球が入っていくと多数の流星が観測され，流星雨と呼ばれる現象が起こる．

(3) 宇宙線

　宇宙空間にはさまざまな種類の宇宙線（cosmic ray：放射線とも呼ばれる）が飛び交っている。宇宙線は高エネルギーで運動する粒子であり，陽子，ヘリウム原子核，重イオン，中性子，電子などの種類があるが[21]，約9割は陽子，約1割はヘリウム原子核である。

　ところで，私たちは天体からやってくる高エネルギー宇宙線（一次宇宙線）を直接地上で検出するわけではない。一次宇宙線は地球大気の成分と相互作用し，さまざまな粒子や光子に変換されていくため（二次宇宙線），それらの観測結果を解析して一次宇宙線の性質を見極めていくのである（図2-10）。

　宇宙線のエネルギーは10億電子ボルト（1 GeV）以上である。エネルギーが1 GeV程度の宇宙線は太陽起源がほとんどである。一方，それ以上のエネルギーを持つ宇宙線は10^{18}eVまでは銀河系内で発生する超新星爆発，10^{18}eVを超えるものは銀河系外の高エネルギー現象が起源であると考えられている。しかしながら宇宙線の加速機構はまだよく理解されていない。4×10^{19}eVを超える宇宙線は宇宙マイクロ波背景放射の光子との相互作用でエネルギーを失うため地球には届かないと考えられているが（GZK限界と呼ばれる），10^{20}eVにも及ぶような最高エネルギー宇宙線の兆候が見え始めている。現在，日本を中心にした国際共同研究チームがアメリカのユタ州に大規模な宇宙線観測実験施設テレスコープ・アレイを建設して最高エネルギー宇宙線の謎に挑んでいる最中である。今後の研究の進展が待たれるところである。

21　高エネルギーの電磁波であるガンマ線やX線も宇宙線と呼ばれることがある。

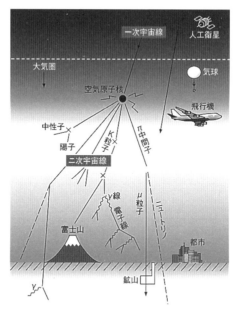

図2-10 地球に降り注ぐ一次宇宙線が二次宇宙線に分かれていく様子
(出所) 文部科学省

(4) ニュートリノ

ニュートリノ（中性微子）は図1-3に示したようにレプトン（軽粒子）に分類される素粒子である。レプトンである電子，μ粒子，τ粒子に対応して，電子ニュートリノ，μニュートリノ，τニュートリノの3種類がある[22]。

ニュートリノは中性子がβ崩壊する際にエネルギー保存則と角運動量保存則が成立するために理論的に要請された素粒子で，その後実験的にその存在が確認された。電磁気力と強い力とは相互作用せず，弱い力と相互作用する。当初，質量がゼロであると考えられていたので重力相互

---

[22] それぞれに反粒子があるので合計6種類になる。ニュートリノはその名称からわかるように，電気的に中性な素粒子である。そのため，反粒子はそれ自身が担う（このような性質を持つフェルミ粒子［スピン1/2の素粒子］をマヨラナ粒子と呼ぶ）。

作用はしないとされていたが，ニュートリノ振動の観測からゼロではない質量を持つことが判明した。したがって，宇宙の質量にはわずかながら貢献している。電荷を持たないので電磁波は放出しないので，次項で述べるダークマターの1種類になる。速度は光速（あるいはそれにきわめて近い）なので，"熱い"ダークマターに分類される。

　透過力は高いので検出は容易ではない。大マゼラン雲で発生した超新星 SN 1987A からのニュートリノを検出したカミオカンデ，およびその後継機であるスーパーカミオカンデのように大量の純水を検出器に溜め込み，ニュートリノによって散乱された電子が発光するチェレンコフ光を捉える大掛かりな観測装置が必要になる。

　一方，ニュートリノの透過力の高さは観測的宇宙論の分野で大いに役に立つ。なぜならば，ビッグバンの名残として宇宙ニュートリノ背景放射（Cosmic neutrino background, CNB, あるいは CνB）の存在が予測されているからである。宇宙の開闢からわずか2秒後にほかの物質からニュートリノが分かれ（ニュートリノ・デカップリング），放出される[23]。現在期待される CNB の温度は約 2K と非常に低く，物質との相互作用はさらに弱くなるので検出はきわめて難しくなる。しかし，検出されればビッグバン宇宙論の独立した検証実験になるとともに，宇宙初期の物理状態を探るためにも役立つことが期待される（第3章参照）。

(5) ダークマター

　第1章で紹介したように，私たちが現在住んでいる宇宙には普通の物質（バリオン）の数倍の質量を有するダークマターが存在している。そのため，銀河や銀河の集団（銀河団）などの構造形成にはダークマターが本質的な役割を果たしている（図2-11）。ダークマターの正体は今のところ不明であるが，未知の素粒子であろうと考えられている（第3章

---

[23] 図1-11に示したように，宇宙年齢約38万歳の頃の宇宙では，ニュートリノは宇宙における質量（エネルギー）比として約10%を占めていることに注意。

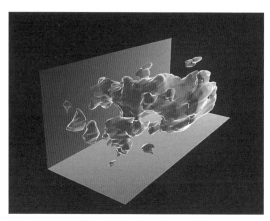

図2-11 ハッブル宇宙望遠鏡の基幹プログラム"宇宙進化サーベイ（COS-MOSプロジェクト）"で観測されたダークマターの3次元構造
左手前が近傍の宇宙であり，右奥にいくに従って私たちからの距離が遠くなる。一番右奥までいくと，約80億光年の距離に達し，そこでは2.4億光年四方の領域を見ている。図中，雲のように見えるのが暗黒物質の空間分布。大半の銀河はこの雲のなかにあるので，銀河の形成と進化が暗黒物質の重力によって促進されてきたことがわかる。
（出所）　Richard Massey 提供

参照）。ダークマターは暗黒という名称が意味するとおり，一切の電磁波を放射しない。したがって，あらゆる波長帯で望遠鏡による直接観測は不可能である。しかしながら，重力レンズ効果を利用してダークマターの空間分布を調べることが可能である。銀河や銀河団にはバリオンの数倍もの物質があるため，一般相対性理論によれば，その質量で時空がゆがむ。そのため，銀河や銀河団の背後にある天体（銀河など）の形態は時空のゆがみがレンズの役割を果たすのでレンズされた像として観測される。レンズ方程式を解けば，レンズ効果を担った銀河や銀河団に存在する暗黒物質の分布や量を推定することが可能になる。つまり，重力レンズ効果を利用して，ダークマターを間接的に見ることができるのであ

る。

　また，ダークマターはバリオンとほとんど相互作用しない。そのため，ダークマターの正体である未知の素粒子を直接検出することはきわめて難しく，今まで行われてきた検出実験はいずれも成功していない。しかしながら相互作用の確率はゼロではないので，より大型で高精度の検出装置が開発され検出へのチャレンジが続けられている。その一つの例は日本のグループが中心になって行われている XMASS（エックスマス）実験である。ダークマターの候補の素粒子（ニュートラリーノなど，第3章参照）が大量の液体キセノンと反応して発光する現象を捉える装置で，実験が行われつつある。

　一方，ダークマターを創る実験も行われてきている。ダークマターの候補の素粒子であるニュートラリーノなどは，宇宙創生直後の100秒程度の間に生成されると考えられている（ビッグバン元素合成で水素原子やヘリウム原子が生成される期間とほぼ同じ時期）。したがって，ビッグバンのエネルギー密度に近い状況を実験で再現できれば，原理的にはニュートラリーノなども作り出すことができる。これを可能にする実験設備は CERN（欧州原子核研究機構）が運用する大型ハドロン衝突型装置（Large Hadron Collider, LHC）である。LHC は 2012 年に素粒子の質量の起源を担うヒッグス粒子の検出に成功しているが，次のターゲットとしてダークマターの正体の解明を目指しているので，その成功が待たれる。

2.4　重力波

　人類の宇宙を見る目として最後まで残されていたフロンティアは重力波（gravitational wave）である[24]。アルベルト・アインシュタイン（1879-1955）が 1915 年に提唱した重力理論である一般相対性理論が予言したも

---

[24] 流体力学の分野でも重力波と呼ばれる現象があるが，これは重力の影響で発生する液体表面（例えば海面など）の波のことであり（こちらは英語では gravity wave と呼ぶ），ここでいう重力波とは異なる。

ので，時空のゆがみが波として光速で伝播する現象である。

　時空のゆがみを発生させる現象には以下のようなものがある。①恒星質量程度のブラックホールや中性子星などのコンパクトな天体が至近距離で連星運動をしている場合，②超新星爆発が球対称から大きくかけ離れた非対称性を持って発生する場合，③宇宙誕生直後の急激な膨張（インフレーションと呼ぶ，14.2節参照）などに伴う宇宙初期の重力波現象，など。これらの状況下では重力波は理論的に発生しうるが，問題は生じる時空のゆがみがきわめて小さく，検出することが難しいことである。例えば，恒星質量程度のブラックホール連星による時空のゆがみの程度は1 au（約1億5000万km）あたり10nmでしかない。さまざまなノイズのなかからのこの程度のゆがみを検出するのは至難の業である。

　しかし，2015年9月，ついに重力波が検出された。米国にあるレーザー干渉計型重力波天文台（Laser Interferometer Gravitational-Wave Observatory, LIGO：西海岸のハンフォードと南部のリビングストンに設置）が13億光年彼方の銀河で発生したブラックホール連星の合体の際に放出された重力波を検出したのである。

　ブラックホール連星を成すブラックホールの質量は$36M_\odot$と$29M_\odot$であり，合体後$62M_\odot$での1個のブラックホールになったと推定される。この合体で$3M_\odot$の質量が失われたことになるが，それに相当するエネルギーが重力波として放射されたことになる（図2-12）。

　この検出を皮切りに2018年3月までに数例の重力波天体が見つかり，重力波天文学の幕開けとなった。ブラックホール連星のほかに中性子星連星の合体に伴う重力波も検出されたが，可視光帯におけるフォローアップ観測の結果，鉄より重い元素の合成の研究に大きな進展があった。重力波の検出は異なる場所に設置されている重力波干渉計が用いられているが，現状では位置の決定精度が悪い。そのため，可視光帯などでのフォ

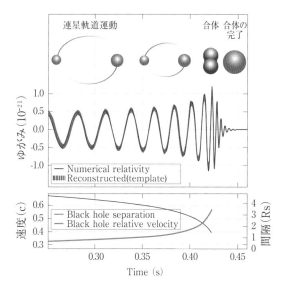

図 2-12　LIGO で検出された重力波
このイベントは GW150914 と呼ばれる。
inspiral：連星軌道運動，merger：合体，ring-down：合体の完了，strain：ゆがみ，velocity：速度，separateon：間隔，R_s はブラックホールのシュバルツシルド半径
（出所）　Abotto *et al.* 2016, PRL, 116, 061102 より改変

ローアップ観測は広い天域を探査する必要がある。重力波源の位置精度を向上させるためには，今後，日本で運用される重力波天文台 KAGRA などの稼働が待たれる。一方，重力波源の正体を探るため，重力波に加えて電磁波（多波長帯），宇宙線，ニュートリノを用いた総合的な観測体制が急速に整備され，マルチメッセンジャー天文学の勃興をも促したことは特筆に値する[25]。

25　日本の運用する天文台群を利用したマルチメッセンジャー天文学ネットワークとしては J-GEM（Japanese Collaboration for Gravitational-Wave Electro-Magnetic Follow-up）がある。

3 | 宇宙を読む

谷口　義明

《目標＆ポイント》 宇宙からやってくる情報（電磁波，宇宙線，および重力波）のデータから天体のさまざまな性質がわかる。宇宙を理解することは，これらの宇宙からやってくる情報（手紙）を読み解くことにほかならない。一方，読み解くには物理学のみならず，数学，化学，生物学などの広範な知識が要求される。私たちは宇宙の謎をどの程度読み解くことができているのか解説する。
《キーワード》 地球，太陽系，天の川，銀河系，宇宙観，ビッグバン宇宙論，インフレーション，原子，素粒子，クォーク，ダークマター，ダークエネルギー，ブラックホール，宇宙の未来

3.1 人類の宇宙観の歴史

　第1章で述べたように，「宇」は空間であり，「宙」は時間を意味し，宇宙は私たちの住む三次元空間と過去・現在・未来という時間を包括するものである。まさに時の流れを含む万物を意味する概念である。仮に私たちが縄文時代の野原にポツンと置かれたとき，自分たちの住む世界がどのようなものであるか理解できるだろうか？　私にはできない。しかし，人類は叡智を集め，少しずつこの広大な宇宙を理解しようとしてきた歴史がある。本章では，まず人類の宇宙観の変遷をたどり，現在どの程度まで宇宙の本質に肉薄してきているかを考えていくことにしよう。
地球を読む　古代の人たちは自分たちの住む世界をどのように捉えていたのだろうか？　現代宇宙論の知識がなければ，やはり身の回りに見え

る世界，大地に広がる世界，山，谷，川，海などが連なる世界のように見えたのではないだろうか。例えば，古代バビロニア人たちの宇宙観がそれに近い[26]。陸地は大洋に囲まれ，その外側には天を囲む漆黒の壁がある。そして，太陽と月はその闇のなかに出てきて天を巡るというものである。当時，誰も自分たちの住む世界が球のような形をしているとは思わず，地球は平面であると考えられていた（地球平面説）。しかし，地球が球体のような形状をしていることについては，確証は得られなかったにしろ，古代ギリシア時代から議論されていた（地球球体説）。決着がついたのは大航海時代に入ってからで，フェルディナンド・マゼラン一行（マゼラン［1480-1521］は航海の途中で死去）が世界一周の航海を果たしたことで，地球は丸いことが理解されるようになっていった。

太陽系を読む　ここまでの話は宇宙観というよりは地球観に関するものだが，宇宙観そのものについても中世の時代に大変革が起こる。それは天動説から地動説への大転換である。古代ギリシア時代のアリストテレス（紀元前 384-前 322）やエウドクソス（紀元前 400 頃-前 347 頃）から中世の時代に至るまで天動説が支配的であった。天を観測すると，明らかに恒星とは異なる動きをする天体があり，それらは"惑うもの（ギリシア語で planetis）"として惑星と呼ばれていた。太陽，月，水星，金星，火星，木星，土星の七つの天体である。恒星は規則正しく地球の周りを回っているように観測されるので問題視はされなかったが，惑星の不思議な運行については，天動説にとって悩みの種であった。水星や金星は太陽のそばを大きく離れることはないし，火星などは通常は西から東へと移動していくが（順行運動），時として東から西へと移動し（逆行運動），また順行運動に移行する不思議な振る舞いをする。この惑星の逆行運動は古代ギリシア時代から気付かれていたが，周転円の導入で一応の解決を提案したのが，クラウディウス・プトレマイオス（83 頃-168

26　バビロニアの歴史は紀元前 23 世紀までさかのぼることができる。メソポタミア地方（現在のイラクの辺り）に栄えた国で首都はバビロン。

頃)(通称トレミー)であった.このアイデアは単なるつじつま合わせであり,力学的には根拠のないものであったが,力学理論(ニュートン力学)が整う中世まで信奉されることとなった.

そして,天動説から地動説への大転換は 15 世紀から 17 世紀の間に起こった.天動説から地動説への大転換は「コペルニクス的転回」と呼ばれるように,ニコラウス・コペルニクス (1473-1543) の偉業として知られている.しかし,科学の発展は揺るぎない観測(実験)とそれらに無矛盾な理論体系が準備されて進んでいくものである.その意味では,ティコ・ブラーエ (1546-1601) とガリレオ・ガリレイ (1564-1642) の周到な観測,そしてケプラーの精密なデータ解析から演繹された惑星運動の経験則とアイザック・ニュートン (1643-1727) の力学理論の整備が必須であった.

その後,太陽系の惑星として天王星(1781 年),海王星(1846 年),冥王星(1930 年)と発見されたが,2006 年に開催された国際天文学連合の総会で惑星の再定義が行われ,冥王星は現在では惑星ではなく,準惑星という新しいカテゴリーの太陽系天体になっている.海王星の外側には太陽系外縁天体(小惑星に準ずる天体や冥王星などの準惑星)が多数存在し,冥王星に代わる第 9 惑星が潜んでいる可能性もある.また,さらにその外側には彗星の故郷であるオールトの雲があると考えられている(第 1 章,図 1-5).つまり,太陽系の広がりはさしわたし 10 万 au にも及んでいる.古代ギリシアの時代,このような太陽系の姿を想像した人はいなかったに違いない.しかし,明日は我が身.私たちもまだ太陽系の全貌を把握しているとはいえないだろう.

銀河系を読む　太陽系の理解はこのように進んできたが,恒星の世界はどうだったのだろう.恒星は惑星とは異なり,地球の自転による日周運動,地球の公転による季節の移ろいはあるものの,天球における配置は

変わらない[27]。では,恒星の世界は何を意味するのだろうか。恒星の分布は一様ではなく,密集している領域があり,日本では天の川,西洋ではミルキーウエイと呼ばれる。現在,私たちが銀河系(天の川銀河,the Galaxy)と呼んでいるものである。

銀河系が恒星の大集団であることに気付いたのはガリレオ・ガリレイである[28]。1609年,望遠鏡を手にした彼が眺めたものは太陽,月,惑星だけではなく,天の川もその対象に入っていたからである。しかし,彼が最初に手にした望遠鏡の口径はわずか4 cmであり,視野も狭かった。そのため,銀河系について真に科学的な研究を行うには18世紀を待たなければならなかった。

18世紀になるとイギリスの天文学者であるトーマス・ライト(1711-1786)は「天の川は恒星が円盤状に分布しているものである」というアイデアを提案するに至った。そして,18世紀後半,ドイツ出身でイギリスの天文学者であるウイリアム・ハーシェル(1738-1822)は妹のカロライン・ハーシェル(1750-1848)とともに天の川の定量的な調査に着手した。口径50cmの反射望遠鏡を使い,683個に分割した天域で恒星が何個観測されるか克明に調べた[29]。その結果,天の川は恒星の大集団であり,その大きさは約6000光年,厚みは約1100光年であるとした。銀河系の大きさは10万光年なので,かなり過小評価している。その理由は彼らが仮定したことにあった。①すべての恒星の光度は同じ,②恒星は有限の領域に一様に分布,③すべての恒星が見えている。実は,これらの仮定はすべて誤りである。しかし,当時は恒星までの距離がわからなかったことや,星間ガスによって恒星の光度が暗くなっていることもわから

---

27 すべての恒星は大なり小なり系統運動やランダム運動をしているので長い年月の間には天球上での配置は変わる。

28 天の川が無数の恒星の集まりであること自体は古代ギリシアの哲学者デモクリトス(紀元前460-前370年)が予想していた。

29 スターカウント,恒星計数観測と呼ばれる研究手法で,20世紀に入ってもこの手法は使われ続けた。また,銀河の分布や進化を調べるときは銀河計数観測が行われてきた。

なかったのでやむをえない。驚くべきことは，ハーシェルは太陽系が銀河系の中心にあるとしたことである。科学的な調査であったにも関わらず，自分たちが宇宙の中心に住んでいるという思想を払拭することができなかったのだろう。

20世紀に入ると銀河系は回転していること，そして渦巻構造があることがわかってきた。銀河系の回転は太陽系近傍の恒星の運動を統計的に調べることで発見された。また，渦巻構造は銀河系円盤に分布する中性水素原子ガスの放射する波長21cmの電波スペクトル線の分布と運動状態の解析から見えてきた。いずれの発見もオランダの天文学者ヤン・オールト（1900-1992）によってなされた。

1970年代に入ると，波長がミリメートルの電波，ミリ波の観測技術が進展した。銀河系の円盤部にあるガスの大半は冷たい（温度は10 K程度）分子ガスである。さまざまな分子は主にミリ波帯で電波を放射するので，円盤部の分子ガスの分布と運動状態もわかるようになってきた。一方，コンピューターの性能はどんどんよくなり，大規模かつ精密な数値計算が行えるようになってきた。そのため，観測された分子ガスの分布と運動状態を再現する銀河系の力学モデルが得られるようになってきた（図3-1）。それによると，銀河系は中央部に棒状の構造があり，円盤部には複数の美しい渦巻き構造があることが示されるに至った。太陽系は銀河系の中心にはなく，中心から約2万6000光年離れた場所にある。銀河系に含まれる恒星の数は約2000億個。つまり，太陽は銀河系のなかにあっては，何ら特別な恒星ではなく，また特別な場所にあるわけではない。地球中心説，太陽中心説，そして銀河系中心説ですら意味のない考え方であることが理解できるであろう。

コンピューターで再現された銀河系の姿は美しい（図3-1）。また，第1章で見た銀河系の姿でも非常に綺麗な円盤が見えていた（図1-6）。目

図 3-1 分子ガスの分布と運動を再現する銀河系の力学モデル
(出所) 馬場淳一提供

立った非対称性は見えず，外部から擾乱を与えられたような目立った痕跡はない。では，銀河系は外界から孤立した存在なのだろうか？ ここで図 1-6 をもう一度見ていただきたい。銀河系の中央部から下向きに淡い構造が見える。これは"いて座ストリーム"と呼ばれ，数十億年前に銀河系に合体した矮小銀河の名残である。調べてみると銀河系には 10 個以上ものストリーム構造がある。銀河系は現在非常に美しい姿をしているが，過去数十億年の間にいくつもの矮小銀河を飲み込みながら育ってきたのである。

銀河の世界を読む 銀河系は大きさが直径約 10 万光年で，約 2000 億個もの恒星を含む巨大な恒星集団である。では，銀河系の宇宙における位置付けとはどのようなものだろうか？ 実は 1924 年までは，人類は銀河

系そのものが宇宙全体だと考えていたのである。

　宇宙を眺めると渦巻星雲と呼ばれるものがいくつもあることがわかっていた。その代表格はアンドロメダ星雲である。20世紀に入ると渦巻星雲の正体について論争が起こった。考え方は二つ。

・銀河系のなかにある天体である。
・銀河系の外にあり，銀河系と同等な天体である（つまり，銀河である）。

　どちらが正しいのか。この問題に決着をつけるには渦巻星雲までの距離を測定すればよい。1925年，アメリカの天文学者エドウィン・ハッブル（1889-1953）がようやく答えを出した。アンドロメダ星雲までの距離は100万光年[30]。銀河系の大きさが10万光年なので，明らかに外にある。つまり，渦巻星雲は銀河系の外にあり，銀河系と同等な天体，銀河であることがわかったのである。こうして，アンドロメダ星雲はアンドロメダ銀河となり，人類はようやく多数の銀河が存在するという宇宙観を持つに至った。

　そして，銀河が多数存在する宇宙には大きな秘密が潜んでいた。私たちの住んでいるこの宇宙は膨張していたのである。銀河の距離測定ができるようになると，近傍宇宙にある銀河までと距離 r と視線速度 v_r の関係が調べられるようになった。銀河の宇宙空間に漂うように浮かんでいるのであれば，距離によらず視線速度はおおむね一定であることが予想される（ランダムな運動だけだとすれば銀河の視線速度の平均値はおおむね 0 km s^{-1} になるはずである）。ところが，結果は違っていた。遠方の銀河ほど視線速度が大きい。つまり，視線速度は銀河までの距離に比例して増える。比例係数を H_0 とすると，

$$v_r = H_0\, r \tag{3-1}$$

---

[30] ハッブルの測定にはいろいろ誤りがあり，アンドロメダ銀河までの距離は250万光年である。また，ハッブルの論文は1925年に公表されたが，前年の1924年の暮れにニューヨーク・タイムズが大ニュースとして公表したために，1924年に公表されたとして定着している。

と表すことができる(ハッブルの法則,第12章および補遺2参照)。こ
こで H_0 はハッブル定数[31]と呼ばれる。では「遠方の銀河ほど視線速度が
大きい」ことは何を意味するのだろうか? この関係は宇宙が膨張して
いると考えれば自然に説明される。こうして,宇宙は静的なものではな
く,動的に膨張していることがわかったのである[32]。

宇宙の歴史を読む 宇宙膨張の発見は人類に再び大きなパラダイムシフ
トを突き付けることになった。なぜなら,宇宙が膨張しているならば,
時計を逆回しにすると,宇宙はどんどん縮んでいき,いずれ一つの点に
収束していくことが予想されるからである。つまり,宇宙には始まりが
あり,しかも点のような状況から現在の広大な宇宙に育ってきたことを
意味する。一方,それまで人類が抱いていたものは静的な宇宙,すなわ
ち定常的な宇宙である(定常宇宙論)。そこには始まりも終わりもない。
アインシュタインも一般相対性理論を構築した頃は定常宇宙論を信じて
いた。当時は天の川が全宇宙だと思われていたので,致し方なかったで
あろう。

では,宇宙はどのように始まったのだろう。この問題は現在でも解決
を見ているわけではないが,いち早く"火の玉(ファイアーボール)宇
宙モデル"を提唱したのはロシア出身のアメリカの物理学者ジョージ・
ガモフ(1904-1968)らであった。宇宙は灼熱の火の玉から始まり,宇宙
にあるすべての元素を創り出すというものであった。今では"ビッグバ
ンモデル"と呼ばれるものだが[33],残念ながら元素合成は水素とヘリウ
ム,そしてわずかな軽元素を創るにとどまることがわかっている。宇宙

---

31 定数の名前になっているハッブルはアンドロメダ銀河までの距離を決めたハッ
ブルと同一人物である。
32 この研究成果はハッブルが1929年に初めて公表したことになっていた。しかし,
ベルギーのジョルジュ・ルメートル(1894-1966)が同様な成果を1927年に公
表していたことが確実になり,現在ではルメートルの成果であると理解されて
いる(第12章参照)。
33 ビッグバンという呼び名は敵対する定常宇宙論の推進者であるイギリスの天文
学者フレッド・ホイル(1915-2001)がラジオ番組で"あんな嘘つき(ビッグバ
ン)モデル"と罵ったことが定着したものである。

は火の玉の熱エネルギーで膨張して，だんだん温度を下げていく。それまでプラズマ（電離）状態にあった宇宙は，温度が 3000K 程度になると陽子と電子が再結合[34]して宇宙は中性化する。それまで電磁波（光子）は電子に散乱されて宇宙を自由に伝播できなかったが，中性化したときに自由に宇宙を伝播できるようになる（宇宙の晴れ上がり）。この時の宇宙の姿は電波（マイクロ波）で観測されるという予言をガモフらは論文のなかで認めた。この予言どおり，約 3 K の宇宙マイクロ波背景放射が 1965 年に偶然に発見され，ビッグバンモデルは観測的検証を受けることになった（第 13 章参照）。

　しかし，ビッグバンモデルは宇宙開闢のメカニズムを議論したわけではない。そもそも人類が現在手にしている物理学にはプランクスケール（プランク単位）という限界がある。時間では 5×10^{-44}s，長さでは 2×10^{-35}m である。宇宙の開闢では，これより小さなスケールの議論をする必要があるので，本質的な困難が存在する。しかし，1980 年代になると，チャレンジングなアイデアが提案されるようになってきた。まずはロシアのアレキサンダー・ビレンケン（1949-）が提案した"無からの宇宙創生"である。誰しも無から何か生まれるとは思わない。しかし，物理学でいう無は常に揺らいでいる。そのため，素粒子が生まれたり消えたりしている[35]。その無の状態から量子論的なトンネル効果のおかげで，有限なエネルギーを持つ宇宙（時空）が誕生する確率がゼロではないことにビレンケンは気付いた。確率がゼロでなければ，物理学では"起こりうる事象である"と考える。つまり，宇宙は誕生しうる。そして空間が生まれ，時が流れ出したのである。

　生まれた宇宙（真空）は有限のエネルギーを持っているので真の真空ではないため，エネルギーの低い真の真空へと移行しようとする（相転

---

[34] 宇宙開闢後，陽子と電子は初めて結合するので"再結合"というのはおかしいと思われるかもしれない。物理の世界では電離の逆過程を再結合と呼ぶので，陽子と電子の結合は一般に再結合と呼ばれるためである。

[35] ある素粒子とその反粒子が対生成と対消滅を繰り返している。

移と呼ばれる現象：素粒子の大統一理論が予測する対称性の保たれた状態から相互作用［重力，電磁気力，強い力，弱い力］が分化した状態への遷移［第14章参照］)。その時，膨大な熱エネルギーが発生し（潜熱），宇宙は指数関数的に膨張を始める。インフレーションと呼ばれる現象である。日本の物理学者，佐藤勝彦（1945-）とアメリカの物理学者アラン・グース（1947-）が1981年に提案したモデルである。インフレーションは宇宙誕生後 10^{-36} 秒後にスタートし，10^{-34} 秒後には終わる。このわずかな間に宇宙は 10^{43} 倍も大きくなる。このインフレーションは宇宙に膨大な熱を残して終わるので，その熱エネルギーで宇宙はさらに膨張を続ける。これがビッグバンに相当する現象である。

　その後，宇宙は膨張するにつれて温度が下がり，宇宙年齢が38万歳の頃になると温度が3000Kになり，先ほど述べた宇宙の晴れ上がりが起こる。その時の宇宙の姿が宇宙マイクロ波背景放射として観測されているのである。その後も宇宙は膨張とともに温度が下がり，宇宙年齢が約2億歳の頃になると，ようやく恒星が生まれるような冷たい分子ガス雲が育まれ，宇宙の一番星が生まれる。初代星と呼ばれる星々である。初代星が生まれるまでの宇宙最初の2億年は恒星が一つもないので宇宙は暗闇に包まれている。そのため宇宙の暗黒時代と呼ばれている。

　初代星の誕生は銀河の種の誕生をも意味する。その頃の銀河の種の質量は太陽の100万倍程度であり，現在の銀河と比べると軽く小さい。それらがどんどん合体しながら成長し，138億歳の宇宙で観測されるような立派な銀河に育ってきたのである。

　ところで，宇宙の膨張率は宇宙年齢の約半分の頃から大きくなってきている。実は宇宙の膨張率は時間に関して一定ではなく，宇宙年齢が60億歳ぐらいから膨張率が大きくなってきていることが観測されている。つまり，宇宙は最初の60億年は減速膨張しており，その後は加速膨張に

転じているのである。この加速膨張の原因がダークエネルギーであると考えられている。

3.2 宇宙の根源を読む

(1) 宇宙の基本物質

　宇宙とは何か？　この問いは，時として，この世界を形作る根源的なものは何かという問題にも置き換えられた。しかし，この問題についても長い間，答えを得ることはできなかった。もちろん現在でも人類は正しい答えを知っているかどうか不明である。

　歴史的にはマクロスケールでしか考えることができなかったので，人間の目で見える世界で，考察するしかなかった。その結果，古代ギリシアの時代から19世紀まで信じられていたのは，いわゆる"四元素"論であった。火，空気，水，そして地（土）。これらが四元素である[36]。一方，古代ギリシア時代にはイオニア学派の自然哲学者らによって最小物質単位としての"原子（atom[37]）"の存在が議論されていた[38]。物質を構成する最少単位があるという考え方はそれほど奇異なものではないが，原子論は16世紀の化学の発展まで忘れ去られていた状況が続いた。

　原子に対する正しい認識は20世紀初頭をまたぐ原子核と電子の発見を待たねばならなかった。それまで知られていた放射線[39]であるアルファ線とベータ線[40]の性質を説明する実験によってもたらされた。まず電子

36　古代ギリシアの自然哲学者エンペドクレス（紀元前490年頃-前430年頃）が提唱した説。四元素は物質のアルケー（根源や原初という意味を持つ）。アリストテレス（紀元前384年-前322年）もこれら四つを単純物体とし，万物はこれらの複合体として構成されていると提唱した。

37　ギリシア語でaは否定を表す接頭辞，tomは分割を意味する。つまり，atomは分割不可能なものを意味する。

38　デモクリトス（紀元前460年頃-前370年頃）やエピクロス（生没年不詳）ら。

39　ガンマ線も知られていたが，これはエネルギーの高い電磁波である（図2-1参照）。

40　1898年，アーネスト・ラザフォード（1871-1937）がウランから出ている二種類の放射線をアルファ線とベータ線と名付けたことに由来する。

だが，イギリスの物理学者ジョセフ・ジョン・トムソン（1856-1940）が陰極線の実験から原子に電子が含まれていることを突き止めた。そして，ニュージーランド生まれで，イギリスで研究を展開したアーネスト・ラザフォード（1871-1937）は放射線の性質を詳しく調べ，アルファ線がヘリウム原子核であることを突き止めた。中性子の発見は原子核の基本粒子である陽子の発見から20年以上も遅れて，1932年，イギリスの物理学者ジェームズ・チャドウィック（1891-1974）によってなされた。陽子とほぼ同じ質量を持ち，電荷を持たない粒子（中性子）があることに，それまで誰も気付かなかったのである。こうして，陽子，中性子，そして電子がそろい踏みした。また核力の担い手としての中間子の予言が湯川秀樹（1907-1981）によってなされ，中間子の一群の存在も実験的に検証された。ところが，これで積年の夢だった原子論が決着を見たわけではなかった。1960年代から加速器実験が進むにつれてハドロン（強い力で結び付けられている粒子，図1-2）である陽子，中性子などの核子と中間子の仲間が合わせて100種類以上も確認されるようになった。そのため，陽子や中性子は中間子も含めて最小単位の素粒子ではなく，より根源的な素粒子があるのではないかと考えられるようになったのである。それがクォークである[41]。クォークには3世代あることがわかっているが（表3-1），私たちが知っている物質は第1世代のクォークで成り立っている。つまり，アップ（u）とダウン（d）という名前のクォークである。陽子はuudの組み合わせで+1の電荷を持つ。中性子はuddの組み

表3-1 クォークの分類と世代

第1世代	第2世代	第3世代	電荷
アップ（u）	チャーム（c）	トップ（t）	$+2/3e$
ダウン（d）	ストレンジ（s）	ボトム（b）	$-1/3e$

---

41 クォークという呼称はアメリカの物理学者マレー・ゲルマン（1929-）によって提案された。

合わせで電荷が0になる。一方、中間子は二つのクォークからなっている（図3-2および図3-3）。クォークは非常に強い糊のような力で結合されていて、離れることがない。この力を強い力（強い相互作用）と呼んでいる。

　では、素粒子の形状はどうなっているのだろうか？　例えば高校で物理の問題を考えるとき、電子はマイナスeクーロンの電荷を持った点状の粒子として扱うことがある。ところが物理学では「点」はご法度である。体積がゼロなので、質量や電荷の密度が無限大に発散してしまうか

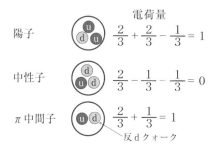

図3-2　陽子，中性子，π中間子を構成するクォークと電荷量

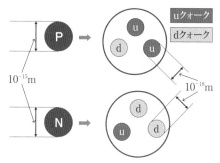

図3-3　陽子（P）と中性子（N），およびそれを構成するクォーク（u, d）のスケール

らである。現実的には点ではなく，プランク長（$\sim 10^{-44}$m）程度の存在として捉えることになるが，もしそうなら，そもそも点状の物を考えるのではなく，（1次元の）紐状のものを考えてもよい（紐理論あるいは超紐理論）。これなら発散の困難は回避できる。しかし，数学的な整合性を確保するには4次元では不足し，少なくとも10次元以上の次元を必要とし，11次元のモデルが検討されている。私たちの住む宇宙で認識できるのは空間3次元と時間1次元の4次元だが，残りの7次元はプランクスケール程度に収まっており（コンパクト化と呼ばれる）現実には認識できないと考える。

宇宙の根源は何かという問題は奥が深く，現状の理解が正しいかどうかは不明である。しかし，宇宙の根源を突き止めることは宇宙全体の理解に結びついているので（14.6節参照），宇宙の探求とともに今後とも研究が続けられていくだろう。

（2）ダークマター

宇宙に"見えない物質"があることが示唆されたのは以外と早く，1930年代のことだった。かみのけ座銀河団の観測をしていたフリッツ・ツヴィッキー（1898-1974）は銀河団メンバーの銀河の総質量だけでは，銀河を銀河団に閉じ込めておくことはできないことに気付いた。そのため，かみのけ座銀河団には銀河以外の質量を担う物質があると主張した。しかし，当時は観測技術もそれほど進んでおらず，彼の主張はすぐには受け入れられなかった。その後，銀河系の太陽近傍の恒星の運動を調べると，やはり"見えない物質"がないと，運動を説明することができないことがわかってきた。こちらはまさに見えない質量，ミッシング・マスと名付けられ注目を集めたが，星間ガスの質量の評価に不定性があるので，バリオン以外の物質があるかどうかまでは議論は進まなかった。と

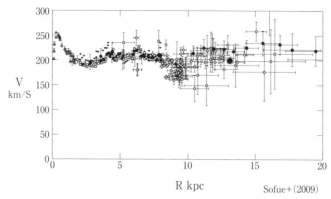

図 3-4　銀河系の円盤部で観測される回転曲線
(出所)　VERA

ころが，1970年代になると，事態はさらに深刻になる。アンドロメダ銀河などの近傍宇宙にある渦巻銀河の回転を調べると，銀河の外縁部に至っても回転速度は落ちずに半径によらず一定の値をとることが普遍的に観測されるようになり，銀河系でも事情は同じだった（図3-4）。質量が銀河の中心部に集まっているならば，太陽系の惑星のように遠方の惑星のほうが回転速度は小さくなる（ケプラー回転）。回転速度が一定に保たれるためには，銀河の外縁部でも半径に比例して質量を担うものが存在しなければならないが，銀河は外側にいくにつれて暗くなるので，恒星の密度分布は減少しているはずである。ここに至って，銀河は見えない物質，ダークマターに取り囲まれているという認識が受け入れられるようになった。それと同時にツヴィッキーの観測結果も見直されることとなったことはいうまでもない。

　一方，ダークマターへの希求は理論的な観点からも提示された。ビッグバン宇宙論の枠組みで形成される原子（バリオン）の量は計算できる。ところが，1980年代に入ると，その量では宇宙年齢（～100億年）の間

に銀河や銀河団などの構造を形成することができないことが指摘されるようになった。つまり，構造形成を担うダークマターの助けが必要とされるようになってきたのである。想定されるダークマターは大別すると次の2種類になる。
・冷たいダークマター (cold dark matter, CDM)
・熱いダークマター (hot dark matter, HDM)

銀河のような構造を形成するにはダークマターも銀河の回転速度，あるいは恒星系としての速度分散程度（数百 km s^{-1}）の運動状態である必要がある。このような性質を持つダークマターを CDM と呼ぶ。一方，光速に近い速度で運動するダークマターも存在しうるが（HDM；ニュートリノなど），銀河などの構造形成には寄与しない。このような状況から銀河形成論は CDM パラダイムの枠組みのなかで議論されるようになった。たしかに CDM は観測からも存在だけは銀河系内，銀河，銀河団スケールで示唆されてきていたが，問題は CDM の正体は何かということであった。

CDM に要求される性質をまとめると以下のようになる。
・ダーク，すなわち電磁波を一切出さないことから電荷を持たない（電気的に中性）。
・宇宙における存在量はバリオンの数倍必要なので，バリオンよりは重い粒子である。
・粒子としての直接検出は困難であるため，バリオンとの相互作用はほとんどしない（おそらく，CDM 同志間でも相互作用はまれであろう）。
・銀河の形成と進化をサポートするには最低でも100億年以上の寿命を有する。

このような性質を持つ CDM の探求は理論・実験の両側面から続けら

れてきているが，現状では決着を見ていない（13.4 節参照）。

（3） ダークエネルギー

ダークエネルギーの存在は遠方銀河の超新星（標準光源としての Ia 型超新星）の観測で 1998 年に脚光を浴びた。そして，その年，アメリカの宇宙物理学者マイケル・ターナー（1949-）によってダークエネルギーという名称も提唱された。そして，その後の宇宙マイクロ波背景放射の精密観測からその存在はきわめて確からしいものとして認識されるようになった。しかし，その歴史は驚くべきことに，今から約 1 世紀さかのぼることができる。アルベルト・アインシュタインは自ら構築した一般相対性理論を宇宙に適用したのは 1917 年のことだった。宇宙の時空はそこに含まれる物質とエネルギーによって支配される。この理論を採用すると，宇宙は静的なものではなくなる。解として得られるのは収縮するか膨張する宇宙しかない。しかし，当時の宇宙は夜空に見える恒星の世界，天の川であり，当然のことながら静的な宇宙像が求められていた。アインシュタイン自身も，いわゆる完全宇宙原理[42]の信奉者であった。つまり，宇宙は一様・等方であり，時間的にも変化しないものである。そのため，彼は自ら得た宇宙方程式に宇宙が静的になるように，物理的には全く意味はないが，ある定数を導入した。宇宙定数（Λ 項とも呼ばれる）である。実は，これがダークエネルギーと同じ役割をする（13.5 を参照）。その意味で，1998 年のダークエネルギーの発見はアインシュタインの執念が結実したかにも思われる。しかし，ことはそれほど単純ではない。宇宙定数はあくまでも定数（時間変化しない）だが，ダークエネルギーが時間変化しないかどうかは不明だからである。

ダークエネルギーの正体については，今のところほとんどわかっていない。もちろん，定数か変動するかも不明である。この正体の解明は 21

---

[42] 宇宙原理は一様・等方のみを要請する。

世紀，最大の研究課題になるかもしれない．

（4）ブラックホール

宇宙には質量の違いにより，第1章で述べたように，次の3種類のブラックホールがある．
- ・恒星質量ブラックホール
- ・中間質量ブラックホール
- ・超大質量ブラックホール

詳細については第10章を参照されたい．

3.3　宇宙の未来

天文学の目的は宇宙をくまなく観測して，それを矛盾なく説明できる理論モデルを構築し，宇宙を理解することである．もちろんそれはたやすいことではなく，実際，道半ばの状態にある．では私たちはなぜこのような知的営みを続けているのだろうか？　それは，この宇宙の行方を知りたいからではなかろうか？　自分の将来もわからない私たちではあるが，地球，太陽，太陽系，銀河系，そしてこの宇宙はこれからどうなっていくのか？　人類が知的生命体であるからには，これらの根源的な問いかけから逃れることはできないだろう．そこで，この章の最後では，現在考えられる範囲で，宇宙の将来について概観しておくことにしよう．

まず，宇宙の未来予想図は大きく次の四つに分類できる．
- ・ビッグ・フリーズ（あるいはビッグ・チル）
- ・ビッグ・リップ
- ・ビッグ・クランチ
- ・サイクリック宇宙

ビッグ・フリーズ（big freeze，あるいは big chill）は読んで字のごと

し，宇宙膨張とともに限りなく冷たい宇宙になっていくシナリオである。いきつく先は絶対零度（マイナス 273℃）の世界である。宇宙は現在加速膨張フェーズに入っているが，この膨張を止められない限り，ビッグ・フリーズは避けることができない。

ビッグ・リップ（big rip） は膨張する宇宙の運命の一つだが，破壊的な終焉を意味する。そもそも rip は"裂ける"という意味である。2003 年，アメリカの物理学者ロバート・コールドウェルらによって提案されたシナリオである。論文のタイトルは Phantom Energy and Cosmic Doomsday（幽霊エネルギーと最後の審判の日）。ビッグ・フリーズに至る前に宇宙がダークエネルギーによって木っ端微塵に破壊される日を迎えるというものである。その日は現在から 350 億年後にやってくる。この日の 10 億年前から異常が起こり始める。まず，銀河団の死である。つまり，重力で支えられなくなり，銀河団が消滅していく。6000 万年前になると，銀河系も重力で支えられなくなり壊れる。3 か月前になると，太陽系もバラバラになり，30 分前には地球が破壊される（地球を支えている重力と電磁気力がダークエネルギーの負の圧力で破壊される）。そして 1 秒前には原子が破壊され（核力さえもダークエネルギーの負の圧力の前に平伏す），この宇宙は消滅する。

ビッグ・クランチ（big crunch） は何らかの理由で，この宇宙が膨張するのを止めて収縮し潰れるというシナリオである。

サイクリック宇宙論（cyclic universe model，あるいは振動宇宙論 oscillatory universe model） は膨張と宇宙を繰り返すシナリオで，ビッグ・クランチの際には反発（ビッグ・バウンス）が起こり，また宇宙は膨張を始める。この場合，宇宙は永遠に続くことになる。

ビッグ・クランチとサイクリック宇宙論の場合，現在膨張を続けている宇宙が収縮に転じる必要がある。ビッグバンが始まってから 60 億年経

過するまで，この宇宙は確かに減速膨張していた。膨大な熱エネルギーを利用して膨張が始まったとしても，宇宙には物質も十分ある。この物質による重力は当然のことながら膨張を減速させる。物質の持つ重力エネルギーが熱エネルギーより優っていれば，いずれ宇宙は収縮に転じるだろう。しかし，宇宙の膨張に伴ってどんどんダークエネルギーが増し，宇宙誕生後 60 億年経過した頃から加速膨張に転じている。したがって，ダークエネルギーが物質に転化し，新たな重力源とならない限り，収縮に転じることはない。ダークエネルギーの正体は不明なので，正確な議論はできないが，ビッグ・クランチとサイクリック宇宙論を実現する道は今のところ見えない。一方，ビッグ・リップの可能性は否定できないが，積極的に採用する理由はない。ダークエネルギーの状態方程式がかなりユニークな性質を持っていなければならないからである。そこで，以下ではビッグ・フリーズのシナリオに従って宇宙の未来予想図を見ていくことにしよう。

（1） 50 億年後

まず，50 億年後の宇宙について考えてみよう。まず，残念なことに太陽が寿命を迎える。太陽のエネルギー源は中心のコアで発生している熱核融合である。水素原子核（陽子）をヘリウム原子核に変換しているが，50 億年後には燃料切れを起こす（コア内で陽子が枯渇する）。太陽は現在 46 億歳だが，恒星としての寿命は 100 億年なので，余命は約 50 億年なのである。太陽はその後赤色巨星へと進化していくので，内惑星から太陽の外層に呑み込まれていく。地球も風前の灯火となり，仮に人類が生きながらえていたとしても，最期を迎えるであろう。

もう一つの一大イベントは銀河系とアンドロメダ銀河の合体である。アンドロメダ銀河は現在約 $100\mathrm{km\ s^{-1}}$ の速度で近づいてきているが，ハッ

ブル宇宙望遠鏡による観測で横方向の速度（固有運動）が測定され3次元的な運動速度が判明した。その結果を取り入れてコンピューターによるシミュレーションを行ったところ，40億年後に最初の衝突が起こり，60億年後には二つの銀河は完全に合体して一つの巨大な楕円銀河に姿を変えていくことがわかった（9.4節，図9-7）。

（2）1000億年後

　次は，一挙に1000億年後の宇宙について考えてみる。数十億年後には銀河系とアンドロメダ銀河が合体して一つの銀河になるが，このような銀河の合体はより大規模なスケールで起こる。銀河系とアンドロメダ銀河は数十個の銀河からなる局所銀河群を形成しているが，この銀河群に含まれる銀河がすべて合体してより大きな銀河に成長していく。宇宙のあちこちでこのような出来事が起こるのである。その間も宇宙は膨張を続けているが，1000億年後にはなんと隣の銀河の相対速度が光速度を超えてしまう。そのため，宇宙を眺めると自分の住んでいる巨大な銀河しか認識できなくなる。この現象をレッド・アウトと呼ぶ。隣の銀河が見えないということは，宇宙が膨張していることを調べるすべがないということである。もちろん，遠方の銀河を観測して銀河の若い頃の姿を見ることもできない。その時代に知的生命体がいたとしても，自分たちの住む宇宙を理解できないだろう。138億歳の宇宙に住む人類は，たいへん幸運であることがわかる。

（3）100兆年後

　今度は100兆年後の宇宙である。恒星は質量が軽いほど寿命が長い。しかし，100兆年後になるとすべての恒星がその寿命を終える。巨大な銀河という重力的な入れ物はあるが，恒星がない。つまり，真っ暗な銀

河が虚空に漂っているような状況になる。宇宙は再び暗黒時代に突入していく。

（4） 10^{34} 年後

では，10^{34} 年後の宇宙はどうだろう。現在検討されている素粒子の大統一理論（電磁気力と核力である強い力と弱い力を統一する理論）が正しければ，一つの重要な予測が得られる。それは陽子の死（崩壊）である。陽子の寿命は 10^{30} 年程度であるという予測があった。大マゼラン雲で発生した超新星 SN 1987 A から飛来したニュートリノを捉え，ニュートリノ天文学を開拓し，そしてニュートリノ振動の観測からニュートリノに質量があることを発見した東京大学宇宙線研究所が運用するニュートリノ実験装置（カミオカンデとスーパー・カミオカンデ）は二つのノーベル物理学賞を生み出した。しかし，本来の目的は陽子崩壊の際に放射される光子の検出を目的として建設されたものである。いまだ陽子崩壊現象は観測されていないので，陽子の寿命は 10^{34} 年より長いことが示唆されている。いずれにしても，大統一理論が正しければ陽子ですら宇宙から姿を消す運命にある。私たちの身体を作るものは消えていくということである。私たちの知らない世界に突入していくだろう。

では，仮に陽子が宇宙から消え去ったとしよう。そこに何か残っているのだろうか？　実はある。それは超大質量ブラックホールである。ブラックホールはホーキング放射を出してやせ細っていく。例えば，太陽質量のブラックホールの場合，ホーキング放射を出して蒸発する時間は約 10^{66} 年である。ホーキング放射の効率は低く，ブラックホールの質量の 3 乗に反比例する。そのため，太陽質量の 1 億倍の質量の超大質量ブラックホールの場合（活動銀河中心核にある超大質量ブラックホールの典型的な質量），寿命は 10^{90} 年にもなる。したがって，今から 10^{34} 年後

以降でも多数の超大質量ブラックホールは生きながらえているだろう。

（5） 10^{100} 年後

　最後に，10^{100} 年後の宇宙について考えてみよう。宇宙は膨張を続け，温度はどんどん冷えていく。ほぼ絶対零度の世界に突入しているだろう。構造として残っているものは，やはりブラックホールである。ただし，質量は太陽質量の1兆倍以上ないとダメである。現在の宇宙で観測されている超大質量ブラックホールの最大質量は太陽質量の100億倍である。銀河団全体が重力崩壊したような超大質量ブラックホールでないと生き残っていないことになる。

　ほかにあるものは電磁波だろうが，そのような宇宙に生命体は宿らないだろう。ビッグ・フリーズする宇宙の末路はやはり寂しい。

　私たち人類は138億歳の宇宙に住み，宇宙をできるだけ精密に観測することで正しい宇宙観を育みつつある。また，いくつかの未来予想図も手にすることができている。明るい未来とはいえそうにないが，予想図を手にすることができるだけでも幸せなのかもしれない。

4 | 星間ガスと恒星・惑星系

山岡 均

《目標&ポイント》 本章では,星間ガスから恒星や惑星系が形成されることを学び,太陽系外惑星の探査と研究について概観する。この章の学習目標は,次の三つである。①恒星と惑星系がどのように形成されるかを説明できる。②太陽系外の惑星がどのように検出されてきたかを説明できる。③太陽系外惑星の特徴について説明できる。
《キーワード》 星間ガス,星形成,太陽系外惑星

4.1 恒星の材料

図4-1 オリオン座にあるM42星雲
恒星が生まれる現場だ。
(出所) 国立天文台

太陽のように自ら輝く天体を恒星という。自ら輝くということはエネルギーを消費しているということで，有限なエネルギー源はいつかは尽きる。したがって恒星の寿命は有限である。恒星は誕生し，変化し（進化と呼ばれることが多い），そして終焉を迎えることになる。

　恒星と恒星の間の空間は，完全な真空ではない。たいへん希薄ではあるが，星間物質と呼ばれるガス（気体）や塵が存在する。そのなかでも，やや濃くなっている部分は，星の光を受けて輝いて見えたり，背景の星を隠したりすることで，その存在に気付かされることになる。このような星間ガスは，その密度と見え方によって，さまざまな呼び名で呼ばれる。

　星間ガスのうち，そばに表面温度が数万K以上の恒星が存在し，それが発する紫外線を受けて電離したガスが，再結合・脱励起して決まった波長の光を出すものは，輝線星雲と呼ばれる。ガスの成分のほとんどは水素原子なので，水素の脱励起によって放射される波長656.3 nmの赤い光が目立つ。電離水素を意味するHⅡという表記を用いてHⅡ（エイチツー）領域と呼ばれることもある。HⅡ領域は，さしわたし1光年未満のコンパクトなものから数百光年にも及ぶ巨大なものもあり，密度も1 cm^{3}に水素原子が数個程度の希薄なものから，コンパクトで濃いものでは1 cm^{3}あたり100万個を超えるようなものもある。ちなみに地球の大気には1 cm^{3}あたり1000京（1000兆の1万倍）個オーダーの分子が存在する。

　そばにある星の表面温度がそれほど高温ではない場合，星雲の塵が光を散乱して輝く。このような光り方をするものを反射星雲という。また，背景の星や輝線星雲の手前に温度の低い星間物質が存在すると，星間物質が光を吸収して黒く抜けたように見える。このような星間物質は，暗黒星雲と呼ばれる（図4-2）。天の川のなかで黒い穴のように見えるみな

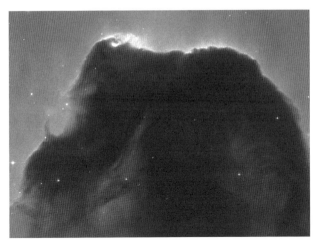

図 4-2　オリオン座の馬頭星雲も有名な暗黒星雲だ
(出所)　NASA, NOAO, ESA and The Hubble Heritage Team (STScI/AURA)

みじゅうじ座のコールサックはその典型例だ。輝線星雲，反射星雲，暗黒星雲は共存していることも多く，オリオン座の M42（図4-1）はその好例である。

　暗黒星雲や H II 領域の濃い部分には，一酸化炭素やもっと複雑な分子が存在する。星間分子は決まった波長の電波を発するため，このような星間物質を観測するには電波観測がたいへん有効だ。このようにして観測される星間物質は分子雲と呼ばれる（口絵5）。電波は可視光に比べて散乱されにくいため，可視光では見通しが利かず観測できない分子雲内部も，電波ならば観測可能となる。また，分子雲の温度は数十 K 程度とたいへん低く，熱放射は遠赤外線から電波領域が最も強い。

4.2　星間ガスの収縮と原始星

　分子雲の内部の特に濃い部分（分子雲コア）は，自らの重力で収縮し，

より高密度になっていく。重力エネルギーを解放することで，このコアは高温となり，光を放ち始める。この段階の天体は原始星と呼ばれる。分子雲の奥深くに存在するため，原始星からの光は塵を温め，強い赤外線源として観測される。もちろん，電波による観測も重要である。

原始星は最初，全体が対流している状態で収縮を続ける。中心に近いほうがより高温なので，その熱は外向きに運ばれるが，分子雲コアは初期には温度が低く，物質の不透明度が高くて光が抜けにくく，光だけでは熱を運ぶことができない。光で熱を運ぶ代わりに，物質が中心から外層へと移動することで熱を運ぶのである。この段階を，林フェイズという。この時期の原始星は，ほぼ同じ表面温度を保ったまま，当初の明るさから次第に暗くなっていく（図4-3）。

その後，内部の温度が上がって透明度が増すと，中心で生じた熱は光で運ばれるようになる。この段階はヘニエイ収縮と呼ばれる。この期間

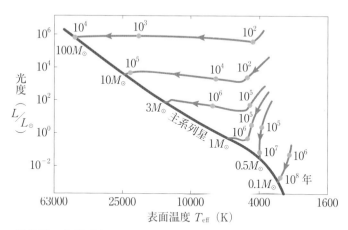

図4-3 原始星の収縮過程
曲線に沿った数字は，収縮を始めてからの経過年数。軽い星はヘニエイ収縮の段階を経ず，林フェイズの直後に主系列星となる。

には原始星は，ほぼ同じ光度を保ったまま表面温度を上げていく。この頃，原始星からの光で分子雲が吹き払われると，天体は可視光でも観測可能となる。太陽程度の質量のものはおうし座T型星，もう少し重いものはハービッグ Ae/Be 型星と呼ばれる。やがて天体は，中心で重力エネルギーとは別のエネルギー源を得て主系列星として輝き始める。この時点を恒星の誕生ということが多い。恒星の構造とエネルギー源については第5章で詳しく扱う。

　林フェイズもヘニエイ収縮も，原始星の質量が大きいほど速く進む。$1M_\odot$ の恒星が誕生するには収縮を始めてから 1000 万年ほどかかるが，$100M_\odot$ もの質量を持つ星は誕生まで1万年しかかからない（図 4-3）。

　一つの分子雲には，多数の分子雲コアが存在するため，恒星は集団で誕生することになる。若い星々は，こうして作られた散開星団やアソシエーションに属することが多いが，星団の星々はやがて散逸し，それぞれの道を歩むことになる。私たちの太陽も，星団の一員として誕生したと考えられるが，現在では兄弟たちとは別れてしまい，どの星と一緒に誕生したかは不明である。

4.3　原始惑星系円盤とその観測

　分子雲の一部が切り出されて恒星を形成することを見てきた。切り出された分子雲コアの全角運動量が正確にゼロになることはありえないため，原始星は自転しつつ収縮する。角運動量を保存したまま収縮を続けると，ガスの遠心力と重力が釣り合って円盤状となる。このままではそれ以上収縮・降着できないため，原始星が成長していくには角運動量を失っていくプロセスが必要となる。このメカニズムは完全には解明されていないが，円盤から垂直に放出されるジェットがその役割を負っていると考えられている。ジェットが分子雲と衝突して輝きを放つハービッ

グ・ハロー天体（口絵6）が、星形成領域で多く観測されている。

ヘニエイ収縮期の原始星を囲む円盤は、数百 au 程度の半径を持つ。この円盤を、原始惑星系円盤と呼ぶ。ガスに比べて塵は赤道面に落ち込みやすいため、円盤内には塵の薄い円盤が形成される。この円盤のなかでは、塵同士が衝突・合体を繰り返し、微惑星を形成する。微惑星はさらに合体して原始惑星となり、地球質量の数倍以上に成長すると周りのガスをも降着して巨大惑星を形成する。

観測装置の発達により、このような原始惑星系円盤が直接観測されるようになってきた。特に 0.01 秒角の分解能を誇るアルマ電波望遠鏡では、太陽系から遠くない距離にある若い星の周りの原始惑星系円盤が、かつてない高精細で描き出されている（図4-4）。円盤に刻まれた溝は、塵を集めて惑星が形成されつつある場所とも、円盤のなかで共鳴を起こして塵が少なくなっているところともいわれ、現在熱い研究が進行中で

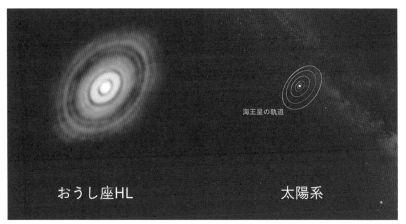

図4-4　おうし座 HL 周囲の原始惑星系円盤
アルマ望遠鏡で撮影。
（出所）　ALMA（ESO／NAOJ／NRAO）

ある。

4.4 太陽系外惑星の観測

太陽系のような惑星を持つ恒星は存在するのか，という疑問に確固たる答えが出たのは，20世紀末という最近のことだ。ここでは，太陽系外惑星（以下では「系外惑星」と略記する）がどのように発見され，観測されているかについて紹介しよう。

(1) ドップラー法

恒星の周りを惑星が公転すると表現することが多いが，正確には，恒星も惑星も，その共通重心の周りを公転する。惑星自体を直接検出することはきわめて困難だが，恒星を観測し，その公転運動，すなわち速度の周期的変動を検出することができれば，惑星の存在を知ることができる。これが，最初に発見されたペガスス座51 b[43]（15.4節(1)参照）を始め，1990年代に多くの系外惑星を見いだすことになったドップラー法（視線速度法とも呼ばれる）である。

図4-5は，太陽と似た恒星であるペガスス座51の視線速度の変化である。観測された値を最もよく再現する曲線は周期4.23日のサインカーブで，変動幅から推定された惑星の質量は木星の0.47倍，軌道長半径はわずか0.05auであった。つまり，木星と同程度の質量を持つ巨大惑星が，たったの4日ちょっとの周期で恒星の周りを公転していることになる。これだけ恒星に近いと，惑星の表面温度は1000℃にもなると推定される。このような，主星のごく近くを公転する巨大惑星は，ホットジュピターと呼ばれる。この方法では，恒星に近くて重い惑星ほど，変動が捉えやすい。最初期に発見された系外惑星は，私たちの太陽系とは全く異なる性質を持つ予想外の系が多かった。

---

[43] 系外惑星は，中心となる恒星の名前に，発見順にb, c, d, を付加した符号で呼ばれる。これは，連星や多重星系の個々の天体の呼び方と同じで，恒星も惑星も区別しない。

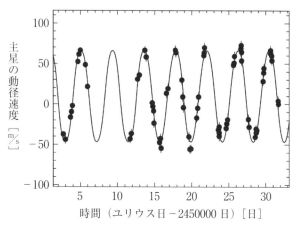

図 4-5　ペガスス座 51 の視線速度の変動
30m/s の変動を検出するには，波長が 1000 万分の 1 だけ変化するのを測定しなければならない。

(2) トランジット法

　ドップラー法に続いて，惑星検出に大いに用いられているのがトランジット法である。惑星の公転軌道面がたまたま私たち観測者の視線方向と一致している場合，惑星が周期的に恒星の前を「通過」（英語でトランジットと呼ぶ）する短い間だけ，恒星が部分的に隠され，見かけ上暗くなる。暗くなる割合はわずかだから精密な明るさの測定（測光）が必要だし，周期もわからない場合は長期にわたって頻繁な測光が必要になるが，原理的には単純である。

　このトランジット法には，もう一つの利点がある。暗くなる割合から，惑星の直径が推定できるのだ。木星の半径は太陽の 10 分の 1 だから，太陽系を遠くから観測した場合，木星が太陽の前を通ると太陽は 100 分の 1 だけ暗くなる。太陽の 100 分の 1 の半径を持つ地球の場合だと，1 万分の 1 だけ暗くなる。

トランジットの継続時間と周期から，恒星の直径と軌道の大きさの比もわかる。このような運動の解析から質量を，トランジットで直径を推定できるので，両者を組み合わせれば惑星の密度を推定することができる。その結果，惑星が何からできているかという組成に関する有力な手がかりが得られる。こうして，木星のような巨大惑星だけではなく，地球のように岩石でできていると推定される系外惑星が次々に発見されてきている。

図4-6に，系外惑星のトランジットが最初に観測された恒星であるHD 209458の光度曲線を示す。この恒星には，ドップラー法ですでに惑星が発見されていたが，その公転周期3.5日に同期して，恒星の明るさが2時間程度にわたって約1.5%減光することが地上望遠鏡で検出された。この図は，その後のハッブル宇宙望遠鏡による観測データである。詳細な観測の結果，この惑星は質量が木星の0.63倍，半径は1.35倍，したがって平均密度 $0.3\mathrm{g/cm^3}$ と木星よりもずっと密度が低いことが明らか

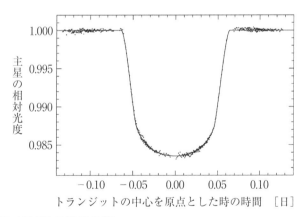

図 4-6　HD 209458 の光度曲線
ハッブル宇宙望遠鏡で観測したもの。トランジット中の減光が一定でないのは，恒星の縁のほうが中心部に比べて暗いこと（周縁減光）を反映している。

になった。

　2009年にはトランジット惑星を発見するための専用宇宙望遠鏡ケプラーが打ち上げられた。このプロジェクトでは，2013年に姿勢制御系が故障するまでの約4年間，はくちょう座とこと座の境界の領域にある恒星約15万個が，30分間隔で繰返しモニターされた。その結果，3000個を越えるトランジット惑星候補が報告され，その1割程度がドップラー法でも再確認されている。ケプラーが検出した惑星のなかには，恒星からの距離がちょうどよくて，水が液体の状態で存在できる岩石惑星も多数ある。

(3) その他の検出法

　さらに別の方法で検出される系外惑星もある。天の川銀河の恒星の数密度を探るための研究として，遠くにある恒星の手前を別の恒星が通過し，重力レンズ効果で遠くの恒星からの光が曲げられて明るく見えるマイクロレンズ現象が捜索されている。もし手前の恒星が惑星を持っていれば，恒星による重力レンズに加え，惑星による重力レンズも明るさの変化に影響を及ぼす。このマイクロレンズ法で検出された惑星は，再度観測することはまず不可能だが，系外惑星の統計を研究するには有用である。

　さらに近年では，惑星の姿を直接撮像することも可能になってきている。大気の影響を受けないハッブル宇宙望遠鏡がみなみのうお座の1等星フォーマルハウトの周りのチリの円盤を撮像し，そのなかにぽつりと存在する光点が2年後の観測では位置が変化しているのを見つけた（口絵7）。地上の大望遠鏡でも大気の影響を打ち消す補償光学を用いたうえで，恒星からの光をうまくさえぎって，惑星の姿が捉えられている。

　これらの観測によって，さまざまな系外惑星が驚くべきペースで発見

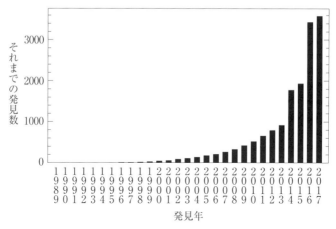

図 4-7　系外惑星の発見数の年変化
（出所）　NASA

されてきている（図 4-7）。それぞれの方法で検出される系外惑星の特徴は異なるため，いずれの方法も重要で，どれか一つに絞ることは無意味だ。今後も，多くの方法でたくさんの系外惑星が検出され観測されていくことだろう。

（4）惑星大気の観測

2002 年，（2）で紹介した HD 209458 系で，惑星がトランジットを起こしているときと起こしていないときの恒星の吸収線の強度を比較することで，その前を通過する惑星の大気にナトリウムが含まれていることがわかった。これは，系外惑星の大気成分の初検出であるにとどまらず，惑星大気組成から生物の存在を推測する将来の方法論への第一歩を切り拓く重要な成果であった。

今後建設される地上の大望遠鏡では，この系外惑星の大気の観測が大きな科学目標の一つとなっている。国立天文台も参加している口径 30m

の大望遠鏡 TMT 計画（図 4-8）でも，系外惑星の大気をどのように観測するか計画され，期待が高まっている。

図 4-8　TMT 完成予想図
（出所）　2010 Thirty Meter Telescope

5 | 恒星の内部構造

山岡　均

《目標＆ポイント》　本章では，太陽を筆頭とする恒星がどのような存在か，その内部の状態について考えていく。この章の学習目標は，次の三つである。①恒星の観測から，どのような物理量を知ることができるかを説明できる。②恒星の内部構造がどのようにして解明されるかを説明できる。③恒星のエネルギー源について説明できる。
《キーワード》　恒星，状態方程式，核融合反応

5.1　恒星の観測量

　恒星は，宇宙を構成する要素のなかでも，自ら光を放つとともに，宇宙の組成や構造を変えていく源としても重要な存在である。恒星を理解することは，宇宙の理解の第一歩といえよう。

図 5-1　最も身近な恒星，太陽
（出所）　国立天文台

恒星からの光を観測することで，その表面温度を知ることができる。おおまかにいって，恒星からの光は黒体放射（2.2節参照）であり，最も放射強度が強くなる波長は，ウィーンの変位則[44]，

$$\lambda_{\max} = \frac{2.9}{T} (\mathrm{mm}) \tag{5-1}$$

に従う。太陽の場合は500nm付近が最も放射強度が強いため，表面温度は5800Kほどと推定される。表面温度が1万Kを超えるような恒星は，放射強度が最高になる波長は紫外線域に達する。一方，表面温度が3000Kほどの低温の星では放射強度が最高になるのは赤外線域となる。

恒星からの光をいくつかの波長帯（補遺1参照）で観測すると，それぞれの波長帯によって違った等級（補遺1参照）で観測される。この等級の違いのことを色指数と呼ぶ。多く使われるのは，440nm付近のBバンドでの等級Bと，550nm付近のVバンドでの等級Vとの差である$B-V$だが，ほかの波長帯での色指数も言及されることが多い。色指数は，可視光ばかりではなく赤外線バンドでの観測でも言及される（$H-K$など）。

恒星からの光のスペクトルを観測すると，太陽が示すフラウンホーファー線（2.2節，口絵4参照）とはまた異なる様相を示す。特徴的な吸収線をもとに，スペクトル型のハーバード分類がなされた（表5-1）。この差異は，基本的には恒星の表面温度の違いによる原子の電離状態や励起状態の違い，分子が形成されているか解離しているかの違いで起きるものであり，恒星の表面の組成にはそれほど大きな差異はない。ウィーンの変位則と組み合わせて，恒星の表面温度が高いものから低くなる順に，

O，B，A，F，G，K，M型

と並べることができる。一つの型のなかを細分するには，温度が高いほうから低いほうに0－9の数字を使う。太陽のスペクトル型はG2型で

---

[44] 放送大学の講義科目「量子と統計の物理」を参照されたい。

ある。このほか，化学組成や表面状態が異なるものとしてW型（O型程度以上の高温星），R，N，S型（M型程度の低温星），M型より低温のL，T，Y型などがある。スペクトル分類[45]にはこのほか，輝線を出す星に添字 e を付加するなど，細かい表現がある。

黒体放射の単位面積あたりのエネルギー E は，ステファン・ボルツマンの法則により，

$$E = \sigma T^4 \tag{5-2}$$

である（σ はステファン・ボルツマン定数 $= 5.67 \times 10^{-8}$ $\mathrm{Wm^{-2}\,K^{-4}}$）から，恒星の見かけの等級・距離から推定される光度 L は，

$$L = 4\pi R^2 \sigma T^4 \tag{5-3}$$

と表現できる。R は恒星の半径である。このことから，恒星の半径が推定できる。最大の恒星は太陽の半径の1000倍以上の大きさを持ち，一方，小さいものは通常の恒星で太陽の10分の1，後に紹介する白色矮星で太陽の100分の1ほど（地球の半径と同程度）になる。

表 5-1 恒星スペクトルのハーバード分類

スペクトル型	主な吸収線	表面温度（K）
O	He II, C III, N III, O III, Si IV	> 33,000
B	He I, H I, C II, O II, Si II	10,000 − 33,000
A	H I, Mg II, Si II	7,500 − 10,000
F	H I, Ca II, Fe II,	6,000 − 7,500
G	Fe I, Ca II, Ca I	5,200 − 6,000
K	Ca I, CH, CN	3,700 − 5,200
M	TiO, Ca I, Fe I	2,000 − 3,700

ローマ数字は電離の階数 + 1 を表す。

---

45 放送大学の講義科目「太陽と太陽系の科学」を参照されたい。

5.2 HR 図と恒星の種別

　恒星の研究においてたいへん重宝するのが，ヘルツシュプルング・ラッセル図（HR 図）である（口絵 8）。縦軸に恒星の絶対等級，横軸に表面温度を取ったグラフに恒星をプロットしたもので，横軸は表面温度に対応したスペクトル型を用いる場合もある。表面温度と対応する色指数を横軸に用いてもよい。

　HR 図のうえで，恒星は均一に分布しているわけではない。総数の 9 割方は左上から右下へと続く曲がった帯の上に存在する。この星たちを主系列星と呼ぶ。主系列星の右上には，より明るい巨星，さらに明るい超巨星がある。一方，主系列の左下に，暗い白色矮星が存在する。それ以外の領域には，星はほとんど存在しない。

　縦軸の絶対等級は光度の対数に対応するので，横軸を表面温度の対数とすると，(5-3) 式より，半径一定の線はこのグラフ上で斜めの直線となる（口絵 8 参照）。巨星や超巨星は主系列星である太陽に比べて 100 倍－1000 倍も大きく，白色矮星は 100 分の 1 の線上に位置する。主系列星のうちでも，表面が高温で明るいものは半径が大きく，低温で光度が低いものは半径が小さいことが読み取れる。

5.3　恒星の質量と質量－光度関係

　恒星の質量はどのように測定されるのだろうか？　太陽系の惑星の運動は長年観測されてきているため，その運動を支配する重力源である太陽の質量は非常に精度よく求められている。もっと正確にいうと，太陽の質量と万有引力定数 G の積は 11 桁以上の精度で求められているが，万有引力定数の精度のほうが追い付かないため，太陽系内の軌道計算ではこの積をもとに推算がなされている。

恒星の質量を求めるのにも軌道運動を使う。すなわち，恒星の質量は単独星では測定できず，連星系，すなわち2星がお互いに重力を及ぼし合って回り合っているような場合にのみ測定できる。2星の間隔を a （au），公転周期を P （年）とすると，ケプラーの第三法則により，2星の質量の和 M_1+M_2 は，

$$M_1+M_2=\frac{a^3}{P^2} \qquad (5\text{-}4)$$

と求められる。両星の重心からの距離は質量比に反比例するから，各星の質量が案分して求められる。実際には，恒星は遠くにあるため軌道運動での動きを天球上での位置変化として観測することは難しく，ドップラー偏移を利用した軌道運動の速度の測定に頼ることになる。この時，軌道の傾きがわからないと求めた質量に不定性が生じるが，お互いが隠し合って見かけの明るさが周期的に変化する食連星（食変光星）であれば，軌道をほぼ真横から見ていることになるため不定性が小さい。恒星の半数以上が連星系であると推定されており，質量が求められる星は案外多い。

　口絵8のHR図では，主系列上に恒星の質量の数字が書かれている。これを見ると，左上の明るくて表面温度が高い星は質量が大きいこと，右下の暗くて表面温度が低い星は質量が小さいことがわかる。主系列星は，重いもので太陽の60倍程度，軽いもので太陽の0.1倍程度であり，それよりも極端に重い恒星・軽い恒星は存在しない。主系列星以外の恒星の質量は，HR図上の位置とはあまり相関しない。巨星・超巨星にはさまざまな質量のものがあり，白色矮星は $1M_\odot$ ほどのものが多い。

　図5-2は，測定された質量 M を横軸に，光度 L を縦軸にしたグラフ上に主系列星をプロットしたものだ。質量と光度の関係が非常に明確にわかる。$0.5-10M_\odot$ という広い範囲にわたって，

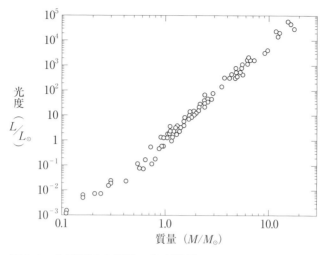

図 5-2　主系列星の質量-光度関係

$$\frac{L}{L_\odot} = \left(\frac{M}{M_\odot}\right)^{3.5} \tag{5-5}$$

という関係が成り立っている。これを主系列星の質量-光度関係という。

　HR図上の星の分布と，この質量-光度関係は，次の5.4節で扱う恒星の内部構造と密接に関係がある。現在私たちが把握している星の内部構造モデルは，これらの性質を実によく再現できているため，大いに信頼されているのである。

5.4　恒星の内部構造

　恒星からの情報は，基本的にその表面からの電磁波から得られるもののみである。それなのに，恒星の内部構造が研究できるのはどうしてだろうか。ここでは，恒星内部の物理状況について概観し，恒星の内部構造を知る方法を学ぶ。

(1) 恒星内部の物質の状態

 太陽の表面温度は 5800K ほどだが,内部の温度はどれくらいだろう。これを見積もることは,実はそれほど難しくない。

 太陽をはじめとする恒星は,自らの質量で潰れそうになるのを,内部の熱運動によって支えている。恒星の重力エネルギー E は,遠方から恒星の一部一部を,重力で引っ張られる力を打ち消すだけの力を働かせながらゆっくりと集めてくるときに使う仕事量の総和なので,おおざっぱにいって,

$$E = -G\frac{M^2}{R} \tag{5-6}$$

のオーダーになる。かける力の方向と物質が動く方向が逆なので,E は負の値である。

 一方,熱エネルギー K は,恒星にある粒子の数を n,平均温度を T として,

$$K = nkT \tag{5-7}$$

程度である。ただし k はボルツマン定数（$=1.38\times10^{-23}$ J K^{-1}）である。この n の値は,恒星のスペクトル線に水素が顕著に見えることを思い出すと,恒星を形作る物質は水素が多くを占めていると想像して,恒星の質量を水素原子の質量で割ったものに近いと推測される。実際には水素の4倍重いヘリウムも存在したり,原子が電離することで電子も勘定に入れなければならなかったりするが,オーダーは合っているはずだ。

 熱エネルギー K と重力エネルギー E が釣り合っていて,ほぼ $K=|E|$ である[46]ことから,T を見積もることができる。太陽の半径や質量,水素原子の質量を,理科年表などの定数表からとって計算してみると,T は数百万 K のオーダーになることがわかる。恒星の内部は,表面に比べてとても高温なのだ。

---

[46] 恒星を形作る物質が飛び散らないことから,実際には重力エネルギーのほうが熱エネルギーより絶対値で大きく,$K+E$ は負の値になる。

これほどの温度では，物質はほとんど完全電離している。恒星を形作る物質は，原子核と電子のみで構成されていることになる。粒子間の平均距離を計算し，粒子間に働くクーロン力による電磁エネルギーを算出してみると，熱エネルギーに比べて十分小さいので，クーロン力は無視できる。こうして恒星物質の状態方程式は，理想気体の単純なものが使えるという結論が得られる。

（2）エネルギーの伝わり方

　恒星内部の温度や密度は一様ではなく，中心ほど高温高密度になっている。この差が圧力の差になり，内側と外側の圧力の違いによって恒星の各層が浮き上がることも沈むこともなく支えられていることになる。

　温度の差があると，高温側から低温側にエネルギーが流れる。温度の傾きが小さければ，エネルギー流量は小さく，エネルギーの運搬は光（放射）によって行われる。一方，温度の傾きが大きい場合は，光では熱を運びきれず，物質が上下に運動することで熱を運ぶ。第4章でも出てきた，対流である。対流では，放射で運ぶよりも多くのエネルギーを運ぶことができる。

　太陽の場合，表面近くは対流で，中心付近では放射によってエネルギーが運ばれている。一方，もっと質量の大きい星では，中心で発生するエネルギーが多いため，中心付近で対流が起き，外層部では放射でエネルギーを運んでいる。太陽の半分より軽い星では，星全体が対流している。そのため，この質量範囲の星はヘニエイ収縮の段階がなく，林フェイズが終わると主系列となる（4.2節）。

　恒星内部は電離しており，光は電磁相互作用を受けて1cmほどしか直進できない。表面に出てくるまでには数え切れないほどの相互作用を繰り返すことになり，放射でエネルギーを運んでいる領域を超えるのに

何百万年もかかる．このため，恒星の中心で熱的な変化が起きても，その変化が表面に伝わるまでには長い年月がかかることになる．

（3）恒星中心の状態

　恒星の構造は，ほぼ球対称であると考えられる．重力や圧力などの働く力が方向に依存しないからである．温度 T や密度 ρ，圧力 P などの物理量は，中心からの距離 r の関数として $T(r)$，$\rho(r)$，$P(r)$ などと表される．恒星を薄い層の積重ねであると考えると，これらの物理量の間には，以下のような式が成り立つ．

① 静水圧平衡の式：層の上下の圧力差が，層にかかる重力に等しい．
② 質量保存の式：層の質量は，層の表面積×厚み×密度に等しい．
③ エネルギー保存の式：層に流入してくるエネルギーと，層で生み出されるエネルギーの和だけ，層からエネルギーが出ていく．
④ エネルギー輸送の式：層の上下の温度差が，放射か対流でエネルギーを運ぶ際のエネルギー流量にちょうど釣り合う．

　この四つの微分方程式に，状態方程式，つまり恒星の物質の温度・密度・圧力の関係と，エネルギー生成率の式があれば，連立方程式系を解くことができ，恒星の内部構造が計算できる．昔は簡単な状態方程式を仮定することで解析的な表現を求め，恒星の一般的な性質を議論するなどの手法が取られていたが，コンピューターと計算法が発達した現在では，これらの方程式をすべて正確にインプットし，構造計算が行われることが主流だ．

　中心は平均よりも温度が高い．恒星の中心温度は，最低でも1000万Kを超える．このような環境下では，実験室では起きない反応が起きることになる．それについては，次の5.5節で見ていくことにしよう．

5.5 恒星のエネルギー源

　太陽を含む恒星はなぜ輝いているのだろうか。この古くからの疑問は，宇宙の組成の変化＝化学進化に密接に関連していることが後に明らかとなっていった。ここではまず，エネルギー源の基本について考察しよう。

（1）歴史的考察

　地球上でのエネルギー源として人間が最初に手にしたのは「火」だといわれる。現代では化石燃料の枯渇と地球温暖化の影響のために火力に対する批判があるが，簡単かつ手軽に利用できるエネルギー源として，火力は根強い実力を持っている。

　さて，「火」というのは酸素が急激に結合する化学反応であるから，得られるエネルギーは原子や分子の周りの電子配置のエネルギー差になり，1反応あたり数 eV 程度である。石炭でいうと，1gあたり30kJ程度である。石油や天然ガスなど，ほかの物質でもオーダーは変わらない。

　太陽のエネルギー源として石炭が燃えていると仮定してみよう。太陽の全質量が炭素と酸素であり，ちょうど完全燃焼するだけの割合で構成されているとして，得られる総エネルギーは 10^{37} J ほどとなる。太陽は太陽光度で輝いている，すなわち1秒間に 3.85×10^{26} J のエネルギーを放出しているので，石炭で賄っているとすると数千年程度しか輝き続けることができない。これでは人類の歴史すら説明できないのでダメだ。

　次に考えられたのが，重力収縮によるエネルギー放出である。日常的には位置エネルギーを利用した水力発電と近い概念だ。重力エネルギーで放出できるエネルギーの総量は，(5-6) 式で見積もったとおりで，太陽の場合で計算すると 3×10^{41} J ほどになる。化学反応に比べて1万倍ほど多く，現在の太陽光度を1000万年以上維持できる。20世紀初頭まで

は，恒星はこのエネルギー源で輝いていると考えられており，主系列星は高温で半径の大きい「早期型星」からだんだん冷えて，低温で半径の小さい「晩期型星」になるとされていた．しかし，生物の進化や地質学上の知見から，地球の年齢は1000万年のオーダーではなく数十億年であることが次第に明らかになり，重力エネルギーは太陽の主要なエネルギー源ではありえないことが判明した[47]．

　最後に提案されたのが，原子核エネルギーである．原子力は人間の手にかかると大きな問題をもたらすが，太陽中心での核反応がなければ私たちは生きていけない．核反応[48]で得られるエネルギーは，単位質量あたりで化学反応の数千万倍になるため，太陽を構成する物質がすべて核反応に寄与すれば，現在の光度を1000億年維持できることになる．太陽を含め，すべての恒星は，この核反応をエネルギー源として輝いているのである．

　ここで主系列星の寿命について考察しておこう．核反応に寄与する物質は，全体の1割程度の中心部に限られ，したがって太陽の主系列星としての寿命は上記の1割程度で100億年ほどとなる．恒星の光度は，(5-5) 式で見たように，質量が大きいとたいへんに明るい．太陽の10倍の質量の恒星は，太陽の3000倍の明るさで輝く．しかし，核反応に寄与する物質量は，せいぜい恒星の質量に比例して多くなる程度であり，恒星の主系列期の寿命 τ は，太陽のそれと比べて，

$$\frac{\tau}{\tau_\odot} = \left(\frac{M}{M_\odot}\right)^{-2.5} \tag{5-8}$$

という関係になる．太陽の10倍重い恒星は，太陽の300分の1，すなわち数千万年で主系列星の寿命が尽きる．重いと短命なのは人間だけではないということだ．

---

[47] 重力エネルギーは原始星のエネルギー源で，したがって原始星は，ここで算出したタイムスケールで変化していくことになる．
[48] 核反応のことを「燃焼」，核反応に寄与する原子核を「燃料」ということがあるが，酸化反応と紛らわしいので本項では避ける．

(2) 原子核の物理

　エネルギーが得られる核反応には，核融合と核分裂がある。原子核は陽子と中性子（合わせて核子と呼ばれる）の集合体で，陽子と中性子がばらばらに存在しているときに比べてやや軽くなっている。この軽くなる分を質量欠損というが，その量は核種ごとに異なる。図5-3に，核子一つあたりの質量欠損の値が原子核の質量数，すなわちその原子核に含まれる核子の総数に対するグラフとして描かれているが，このグラフは質量数56の鉄のあたりでピークを持つ。鉄より軽い原子核は衝突融合することでエネルギーを放出する。一方，鉄よりも重い原子核は分裂することでエネルギーを出す。宇宙や恒星を形作っている物質の大半は水素やヘリウムといった軽い原子核であるから，恒星での核エネルギーは核

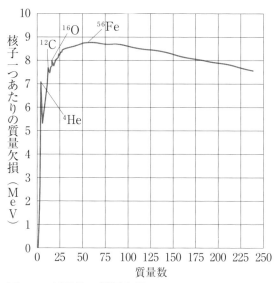

図5-3　原子核の質量欠損
原子核の質量数の関数として描いている。
（出所）　Kippenhan & Weigert 1991

融合によってもたらされる。

　核融合と簡単にいうが，その実現にはまさに大きなハードルがある。原子核は必ず正に帯電しているため，原子核同士を接近させるのにはクーロン力の壁＝クーロンバリアを乗り越えなければならないのだ。もっとも電荷が小さい水素原子核＝陽子同士でも，クーロン力を強い力が上回る 10^{-15} m まで近づけるには，1 MeV ほどの運動エネルギーで両者をぶつけなければならない。恒星の中心は1000万Kと高温だといっても，その時に粒子が持つ平均の熱エネルギーは必要な運動エネルギーより3桁小さい。平均よりも高いエネルギーを持つ粒子も飛び交っているが，これほどまで極端に高いエネルギーを持つことはありえない。

　この難問を解いたのがトンネル効果だ。クーロンバリアの高さが平均の熱運動エネルギーよりずっと高くても，クーロンバリアの山の向こう側の空間にも粒子が少数だけしみ出すことができる。この量子力学的効果によって，恒星での核反応は実現しているのである。

(3) 水素の核融合

　水素が起こす核反応について紹介しよう。以下では，陽子は p，中性子は n，電子は e，ガンマ線光子は γ などと書き表す。核反応を式で，例えば X＋p → Y＋γ と書くかわりに，X(p,γ)Y と書くことにする。

　水素原子核同士が核融合するところから，ヘリウム原子核が生成されるまでの一連の反応は，p－p チェーンと呼ばれる。

$$p(p,e^+\nu)d(p,\gamma){}^3He({}^3He,2p){}^4He$$

が最も基本的な反応（p－p I 反応）であり，一番低温で起きるものだ。d は重水素の原子核である。もう少し高温になると，最後の反応が α 粒子＝^{4}He 原子核との融合となる分岐が生じる。

$$ {}^3He(\alpha,\gamma){}^7Be(e^-,\nu){}^7Li(p,\alpha){}^4He \quad (p-p\,II\,反応) $$

$$^7\text{Be}(p,\gamma)^8\text{B}(,e^+\nu)^8\text{Be}(,\alpha)^4\text{He} \quad (\text{p}-\text{p}\text{III 反応})$$

いずれの経路を通っても，陽子4個からヘリウム原子核1個が生成される。太陽では p-pI 反応が主要な反応である。

水素やヘリウム以外に炭素の原子核が存在すると，さらに高温の環境では，炭素と陽子との反応も起きる。クーロンバリアは陽子同士の反応に比べてかなり高いが，陽子同士の反応では最初に弱い力が介在するために反応が起きる確率が低く，やや高温の環境では炭素と陽子の反応のほうが起きやすくなる。

$$^{12}\text{C}(p,\gamma)^{13}\text{N}(,e^+\nu)^{13}\text{C}(p,\gamma)^{14}\text{N}(p,\gamma)^{15}\text{O}(,e^+\nu)^{15}\text{N}(p,\alpha)^{12}\text{C}$$

この一連の反応を CNO サイクルと呼ぶ。CNO サイクルでは，最初と最後が ^{12}C になっているため，炭素・窒素・酸素の総量は増えも減りもしない。これらの原子核は，化学反応の触媒のような役割を果たしていることになる。ただしこの一連の反応のうち，$^{14}\text{N}(p,\gamma)^{15}\text{O}$ が一番遅いため，CNO サイクルが生じた場所では炭素や酸素は少なく窒素が多くなる。また，より高温の状態では，

$$^{15}\text{N}(p,\gamma)^{16}\text{O}(p,\gamma)^{17}\text{F}(,e^+\nu)^{17}\text{O}(p,\alpha)^{14}\text{N}(p,\gamma)^{15}\text{O}(,e^+\nu)^{15}\text{N}$$

という CNO バイサイクルなどの反応も起きる。

いずれの反応でも，ヘリウム原子核が生成されるとともに，ニュートリノ ν が生成される。ニュートリノは物質とほとんど反応しないため，太陽の中心で生成されたものがすぐに地球に届く。この太陽ニュートリノが神岡実験などのニュートリノ検出器で実際に観測されているため，太陽の中心で核反応が起きていることは疑いない。

このような水素の核反応を起こすには1000万K以上の温度が必要だが，太陽の質量の8％よりも軽い天体では，中心でもこの温度に達することはなく，たいへん暗い。このような天体は褐色矮星と呼ばれる。

（4）核反応の安定性

　恒星中心で起きる核反応は，存在する物質のごくわずかが徐々に起こすものである。平均の熱エネルギーよりもずっと大きなエネルギーを持つ少数の粒子が，トンネル効果によってわずかな確率でクーロンバリアを超えて初めて核反応が起きる。そしてさらに，核反応を安定に続ける仕組みが存在する。それが負のフィードバックと呼ばれる，主系列星の中心のような状況特有の安定性である。

　核融合反応は温度に敏感で，温度が上がると反応率が格段に上がる。核反応によって得られる熱が周囲の温度を上げてしまうと，核反応が昂進してさらに激しく熱が発生し，より温度が上がって核反応が暴走する。ところが実際には，恒星の中心で核反応が少し激しくなると，放出された熱で圧力が上がって局所的に膨張し，温度が下がって核反応が沈静化する。こうして恒星の中心での核反応は安定に続くのである。

6 | 恒星の進化と最期

山岡 均

《目標＆ポイント》 本章では，主系列時代を終えた恒星がどのような進化を遂げるかを述べ，現代天文学で注目される天体を概観する。この章の学習目標は，次の三つである。①恒星進化の後期について説明できる。②恒星の最期について説明できる。③連星などの興味深い天体を説明できる。
《キーワード》 赤色巨星，白色矮星，連星，パルサー

6.1 恒星進化の後期

主系列星は中心で水素をヘリウムに変換して輝いている。恒星の一生のかなりの長さは主系列時代であり，その間は恒星はHR図上での位置をほとんど変えない。しかし，その後の変化は速く大きい。

図 6-1 アルマ望遠鏡が撮影した赤色超巨星ベテルギウス
年老いた星としてよく言及される。
（出所） ALMA（ESO/NAOJ/NRAO）/E. O'Gorman/P. Kervella

（1）主系列後のタイムスケール

　核反応によって得られるエネルギー量は，5.5 節で紹介した質量欠損を用いて見積もることができる。図 5-3 を読み取ると，水素が核融合してヘリウムを生成するときには，質量欠損と放たれるエネルギー量は等価なので，核子一つあたり約 7MeV のエネルギーが得られる。このうちの一部はニュートリノが持ち去ってしまって熱や光には寄与しないが，9 割以上はガンマ線や粒子の運動エネルギーとなり，恒星のエネルギー源となる。ヘリウムの質量欠損は，核子単体だったときの質量の 0.7% ほどに相当する。

　ヘリウムから炭素や酸素などのより重い原子核を生成する核融合反応で得られるエネルギーは，水素の核融合に比べて格段に少ない。このことも図 5-3 から明白だ。ヘリウムと炭素・酸素の質量欠損の違いは核子一つあたり 1MeV 以下で，最も安定な鉄周辺の原子核まで反応が進んでも，核子一つあたりの質量欠損はヘリウムと比べて 2MeV 以下の差しかない。すなわち，水素に比べて，ヘリウムやそれよりも重い原子核の核融合は燃費が悪いということになる。

　恒星の中心で水素が消費され尽くされた後，この重い原子核の反応をエネルギー源とするしかなければ，主系列後のタイムスケールはとても短くなる。主系列を離れた恒星は，主系列時代よりも 100 倍以上明るくなるため，さらに状況は悪い。ただし，主系列を離れた後も，中心核を取り囲む殻状の領域では水素の核融合反応が起き，そこで供給されるエネルギーが利用できる。こうして主系列を離れた後も，恒星は主系列時代の 1 割以上の長さの「老年期」を過ごす。

（2）赤色巨星への進化

　太陽程度の質量の恒星の主系列時代には，中心部では対流は起きない

ため物質は混合しない。中心ほど温度や密度が高いため，水素の核反応が早く進む。中心で水素が消費され尽くすと，それを取りまく外層の最深部で水素の核反応が継続し，ヘリウム中心核の質量が徐々に増えていく（図 6-2 の左図）。質量がある限界を超えると，中心核は収縮し，重力エネルギーを解放してさらに高温になる。中心核を取りまく殻状の部分も温度が上がり，そこで起きている水素の核反応によるエネルギー生成量が急激に増える。このエネルギーを表面に運ぶために，殻状部分より外部は膨張し，恒星の明るさは主系列時代の 1000 倍，半径は 100 倍にも及ぶ。ただし表面温度は主系列時代に比べて低くなる。赤色巨星の誕生である。

　主系列時代に中心核が対流している大質量星では，水素の核反応が進むに従って中心核の水素の組成比が一様に減少していく（図 6-2 の右図）。水素が消費され尽くすと，やはりヘリウム中心核は収縮し，殻状の水素核反応層よりも外は膨張して，太陽程度の質量の恒星に比べてより明るく巨大な赤色超巨星となる。

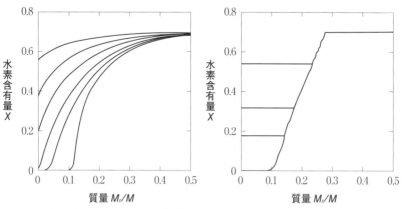

図 6-2　太陽程度の質量の星（左）と大質量星（右）の中心核の進化

中心核を構成する物質の状態方程式は，この時期，太陽程度の中小質量の星と，太陽の数倍以上の大質量星とでは違いが生じる。恒星の内部構造の式を解いてみると，質量が大きい星ほど中心は高温だがやや低密度である。より高密度な低質量の星では，電子縮退が起きる。電子はフェルミオンと呼ばれる性質の粒子で，一定の体積のなかで同じ状態の電子は存在できない。電子密度が上がると，低エネルギー状態の電子だけでは満たしきれず，周囲の温度に相応する熱エネルギーよりもずっとエネルギーが高い電子も多数存在することになる。このような高エネルギー電子が圧力を担うことになると，圧力は温度によらず，密度だけで決まる。これが縮退状態である。大質量星のヘリウム中心核は比較的低密度なため理想気体のままだが，中小質量星のヘリウム中心核はより高密度であり，縮退状態に近づく。

　太陽の半分以下の質量の恒星（小質量星）では，この段階で中心核が完全に縮退してしまって収縮が止まり，そこで恒星としての死を迎えると考えられている。しかし，この質量範囲の恒星の主系列の寿命は宇宙が誕生してから現在までの経過時間よりも長く，実際にそのようにして終焉を迎えた恒星はまだ存在しない。

　一方，太陽程度の質量の恒星では，縮退に近い状態でヘリウムの核融合が開始することになる。理想気体では5.5節(4)で紹介した負のフィードバックが有効だが，縮退状態で核反応が始まると，圧力は密度で決まっているため，核反応で熱が放出されても圧力は上がらずに膨張せず，熱によって温度が上がる。温度に敏感な核反応は，この温度上昇で反応率を上げ，激しい核反応を起こす。この過程は，ヘリウムフラッシュとして知られる。あまりに温度が上がると，縮退状態は解消し，中心核は膨張してそこでの核反応は緩やかに進み始める。ヘリウムフラッシュで生み出された熱は中心核の膨張に使われてしまうので，表面には

出てこない。ヘリウムフラッシュを起こすときのヘリウム中心核の質量は，およそ太陽の半分で，星全体の質量によらず同じくらいである。一方で，大質量星では理想気体に近い状態でヘリウムの核反応が始まるため，このような劇的な変化は起きない。

（3）ヘリウムの核反応

中心核でヘリウムの核反応が始まった太陽程度の質量の恒星は，どれもほぼ同じ光度となる。ヘリウムフラッシュを起こしたときの中心核の状態がほぼ同一だからである。HR 図上では光度が同じ星は横軸に平行に並ぶから，この段階を水平分枝と呼ぶ。この時の光度は太陽の約 100 倍，絶対等級でいうと 0 等級程度で，直前の赤色巨星の時期よりも暗くなる。大質量星のヘリウム燃焼段階はこれよりもずっと明るく，太陽の 1000 倍から 10 万倍もの光度となる。

ヘリウムの核反応は，水素の核反応に比べて高温・高密度が必要だ。水素の核反応は 1000 万 K から高くても 3000 万 K ほどで進行するが，ヘリウムの核反応は 1 億 K 以上でないと起きない。クーロンバリアの高さがその一つの理由だが，別の理由もある。ヘリウム原子核 ^{4}He が二つ合体してできる ^{8}Be 原子核は非常に不安定で，6×10^{-17} 秒ほどの半減期で元のヘリウム原子核二つに戻ってしまうからだ。しかしその短い間にもう一つのヘリウム原子核が合体すれば，^{12}C という安定な原子核が生成される。^{12}C がこの合体状態とほぼ同じエネルギー準位の励起状態を持っていることも，反応が進む要因である。かくして，ヘリウム原子核 3 個から炭素原子核を生み出す核反応が成立する。さらに高温状態では，ヘリウム原子核がもう一つ合体した ^{16}O も生成される。ヘリウムの反応が終わった箇所は，炭素と酸素で満たされることになる。

6.2 中質量星の最期

中心でヘリウムが枯渇すると，ヘリウムの核反応も，水素と同様に中心から周縁部に移行する。中質量星[49]では，炭素・酸素中心核は縮退する。ここからの変化は，この恒星を最終段階へと導くことになる。

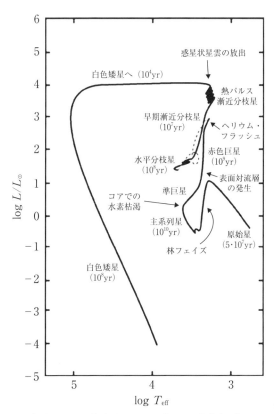

図6-3　中質量星の代表としての太陽の進化経路のまとめ

---

[49] 中質量星という term は，ここでは太陽の半分から8倍程度の質量の恒星を指すが，太陽より数倍重い恒星のみを指して使われることもあるので注意。

(1) 中質量星のその後

　中質量星が中心でヘリウムを燃やし尽くす頃，星全体の明るさは増し，半径は膨張する。HR図上では水平分枝から以前の赤色巨星の位置に近づいていくことになる。この状態を漸近巨星分枝と呼ぶ。進化経路が赤色巨星に寄り沿ったように近づくからである。この段階の星の外層は不安定となり，膨張収縮を繰り返す脈動変光星（ミラ型変光星）として観測される。

　内側の殻状層でのヘリウムの核反応と，外の殻状層での水素の核反応は同じペースで進むわけではない。水素層での反応が進みヘリウム層が厚みを増すと，その底でのヘリウム反応が激しくなり，エネルギーが供給されて恒星の外層部が膨れる。この現象を熱パルス，もしくはヘリウ

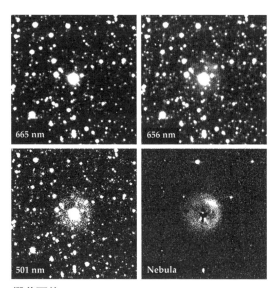

図6-4　櫻井天体
最後の熱パルスで質量放出を起こしたところと考えられている。
（出所）　ESO

ムシェルフラッシュと呼んでいる。水戸市在住の天体捜索家である櫻井幸夫さんが1998年に発見・報告した変光星いて座V4334は，この熱パルスによって星が明るくなったところが捉えられたものと考えられており，この天体は「櫻井天体」とも呼ばれる（図6-4）。

（2）惑星状星雲と白色矮星

恒星からの質量放出は，外層部を失って縮退した中心核がむきだしになるまで続く。高温の中心核は紫外線を出し，放出された周囲のガスを高階電離・励起するため，ガスは普通の星雲とは違った輝きを見せる。これが惑星状星雲だ。見た目が暗い惑星に似ていることから付けられた名前で，地球や木星のような本来の惑星とは無関係である。

中質量星，すなわち$8M_\odot$よりも軽い恒星は，この形で生涯を終える。惑星状星雲は，ガスの放出の様子や周囲の環境によってさまざまな形や色を示す（口絵9）。星雲が広がって薄くなることや中心星[50]が冷えてしまうことによって，惑星状星雲は形成からわずか1万年ほどでその輝きを失う。

表面温度が1万Kほどに冷えた中心核は，太陽程度の質量を持つにも関わらず地球程度の半径しか持たず，したがって通常の恒星に比べてたいへん暗い。この状態の天体を白色矮星と呼ぶ。シリウスの伴星は，表面温度はシリウスよりも高いのに明るさは1万分の1ほどで，半径が主星の100分の1ほどと見積もられた。ところが周回軌道運動からの算定では，伴星の質量は主星の半分程度もある。$1\,\mathrm{cm}^3$が1t以上にもあたる，たいへんな高密度の天体だ。秒単位で脈動して変光する白色矮星もある。電子の縮退圧で支えられる質量には上限がある（チャンドラセカール限界，約$1.4M_\odot$）ため，これより重い白色矮星は存在しない。白色矮星は熱源を持たないため1億年ほどのタイムスケールで冷え，光を出さ

---

50 この段階の星を「白色矮星」と呼ぶのは誤り。

なくなって視界から消えていく。

6.3 大質量星の進化

$8M_\odot$ 以上の質量で誕生した恒星は，中小質量星とは違った一生の終え方をする。ここでは，そこに至る道と，後に残される天体について紹介する。いずれも現代天文学の熱い研究対象である。

（1）炭素以降の核反応

大質量星の中心でヘリウムが核反応で消費され枯渇すると，中心核は収縮し，より高温・高密度になる。この時，中質量星とは違って物質は電子縮退の状態とはならず，理想気体の状態で推移する。中心温度が10億Kを超えると，炭素の原子核同士が合体し，酸素やネオン，マグネシウムを生成する核反応が始まる。炭素が消費され尽くすと次はネオン，ネオンが消費され尽くすと酸素の反応が始まる。このような反応の結果，大質量星の内部は組成の違う層が積み重なった構造となる。この構造は，たまねぎ構造（図6-5）と呼ばれる。

それぞれの反応で消費される原子核と生成される原子核，そしてそのタイムスケールを表6-1にまとめた。図6-5のようなたまねぎ構造が中

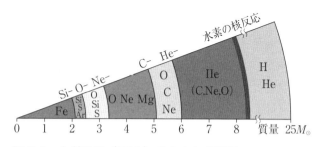

図6-5　大質量星（$25M_\odot$）のたまねぎ構造

表 6-1　大質量星中心で起きる核反応のまとめ
タイムスケールは $20M_\odot$ の場合

消費される原子核	代表的な生成原子核	タイムスケール
水素	ヘリウム	1000 万年
ヘリウム	炭素, 酸素	100 万年
炭素	酸素, ネオン, マグネシウム	1 万年
ネオン	酸素, マグネシウム, ケイ素	1 年
酸素	ケイ素, リン, 硫黄	数か月
ケイ素など	鉄など	1 日

心まで実現されているのは，ケイ素の核反応が始まってから終わるまでのわずか1日にすぎない。

（2）外層部の質量放出

　大質量星は，特にその一生の後期にはとても明るく輝くため，外層が光の輻射圧で吹き飛ばされ，中心核だった部分が表面にむきだしになってしまうものもある。ヘリウム層があらわになった星もあれば，炭素・酸素層までが表面に見える星も観測されている。連星系の質量交換の結果，外層部が剥ぎ取られた大質量星も存在する（6.4節）。このような恒星は，研究を進めた天文学者の名を取ってウォルフ・ライエ星と呼ばれる。表面温度は数万Kと高温で，スペクトルには水素の線がなく，ヘリウムや窒素，炭素などの輝線が目立つ。

（3）爆発後に残されるもの

　大質量星は最終的に星のほとんどを吹き飛ばす大爆発を起こすと考えられている。この超新星爆発については第7章で詳しく扱うが，ここで

は爆発後に残される天体について紹介する。

大質量星のなかでも軽めの，$25M_\odot$ 程度以下で誕生した恒星の爆発では，全体が中性子で構成された中性子星が残される。電子と同様にフェルミオンである中性子による縮退圧で支えられた天体だ。中性子星は，質量は $1.4M_\odot$ 程度だが，半径はわずか 10km ほどで，$1\,\mathrm{cm}^3$ あたり数億 t もの超高密度の天体だ。

中性子星は，爆発前の恒星中心核の角運動量や磁場を維持したまま収縮するので，非常に高速で回転し，とても強い磁場を持つ。高速電子が磁場内で運動すると，シンクロトロン放射（2.2節参照）を発する。特に，磁極方向に強い放射を出すと考えられており，自転軸と磁極の軸が傾いていると，地球から見て自転周期に応じた強度変化を起こす。これがパルサーであり，数秒から数千分の 1 秒という，短く非常に正確な間隔で電磁波の強弱が観測される。

$25M_\odot$ 程度より重く生まれた星では，爆発的に収縮した中心核から生成される中心天体の質量が，中性子の縮退圧で支えられる限界（$2M_\odot$ ほどと推定されている）を超え，さらに収縮してブラックホールを形成する。ブラックホールが単独で浮遊していてもその存在はなかなか捉えることができないが，次節で紹介するように連星系内にあるものが多数観測さ

表 6-2　単独の恒星の進化と終末のまとめ

質量範囲（$M_\odot$）	最終生成物	寿命（億年）
< 0.08	褐色矮星	―
0.08 − 0.46	He 白色矮星 + 惑星状星雲	> 1000
0.46 − 8	C + O 白色矮星 + 惑星状星雲	1000 − 1
8 − 25?	中性子星 + 超新星残骸	1 − 0.1
> 25	ブラックホール + 超新星残骸	< 0.1

れている。

　爆発で散らばった星の外層部だったガスは，中性子星の放射を受けたり，周囲の星間物質と衝突したりすることで光る。このような天体を超新星残骸という（口絵10）。中小質量星が残す惑星状星雲と同様の天体だが，惑星状星雲の膨張速度が数十 km/s 程度なのに対し，超新星残骸は数千 km/s の速度で広がる。超新星残骸も惑星状星雲同様，数万年のタイムスケールで視界から消えていく。

6.4　連星と激変星

　恒星の半数以上は，2個の星が回り合う連星，もしくはそれよりも多数の星が集まった多重星系に属している。連星ではさまざまな現象が起き，現代天文学の最先端の研究対象となっている。

(1) いろいろな連星

　白色矮星の項で紹介したシリウスとその伴星は，天球上で二つの恒星が回り合うところが観測される。このような系を実視連星という。私たちのごく近傍にあるものしか分離して観測できず，また軌道を1周するにはシリウス系の場合で50年ほどかかり，運動を見極めるには長期間にわたる観測が必要である。

　星を天球上で分離することはできないが，ほかの観測で連星だとわかるものもある。異なるスペクトル型の特徴が同時に1天体で観測される場合や，スペクトル線の波長がドップラー効果で時間変化する場合を分光連星と呼ぶ。また，軌道面をちょうど真横から見ている場合，お互いを隠し合って明るさが変わって見える食連星（食変光星）も連星だ（5.3節）。トランジット法で観測できる太陽系外惑星（4.4節）もこの一種といえる。これらの連星は多少遠くても観測可能だ。

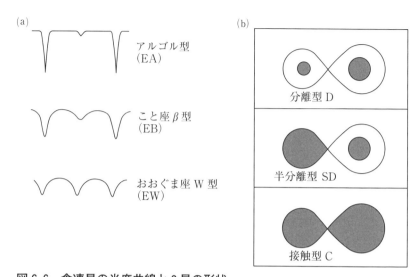

図 6-6　食連星の光度曲線と 2 星の形状
（出所）　山崎篤麿「近接連星の素顔をみる」（天文月報第 75 巻第 9 号，p. 244）

　食連星は，2 星の間隔が大きく離れていれば単に隠している期間だけ暗くなるという単純な明るさの時間変化（光度曲線）を示すが，2 星の間隔がその直径程度ほどに近づいている場合（近接連星），恒星は変形する。見る向きの変化で見かけの明るさが変わるため，光度曲線は周期全体がなめらかな曲線を描く。光度曲線の形での分類と，2 星の形状の分類（図 6-6）は，完全ではないがおおまかに対応している。

　2 星が近接し，どちらか（もしくは両方）の星本体が重力圏を満たしていると，片方の星からもう一方の星に星外層部のガスが流入する質量交換が起きる。ペルセウス座の食連星アルゴルは，明るい主星が $1 M_\odot$ の巨星，暗い伴星が $5 M_\odot$ の主系列星で，質量と主系列星の寿命の関係（5.5 節（1））とは矛盾する（アルゴルパラドックス）。これは，最初は主星のほうが重くて先に巨星となり，大きく膨らんだ外層部が伴星に流

入して，伴星は重く主星は軽くなったのだと考えられる。質量交換は，恒星の進化にも大きな影響を及ぼす。

（2）コンパクト星と質量降着

近接連星系の片方の星が白色矮星や中性子星などのコンパクト星である場合，もう一方の星から流入したガスは角運動量を持っているため，コンパクト星を取り囲む円盤状になる。この降着円盤は，その温度に応じて強い放射を放つ。白色矮星周りであれば可視光が強く，中性子星やブラックホールへの降着ではX線でも輝く。後者の場合，円盤に垂直なジェットの流出を見せるものもあり，遠方の活動銀河核になぞらえてマイクロクェーサーとも呼ばれる。中性子星への降着で，それまで不活発だったパルサー活動が再開したり（リサイクルパルサー），角運動量を受け取って自転がたいへん速くなったりする（ミリ秒パルサー）場合もある。中性子星表面で降着物質が核融合反応を起こしたり，降着円盤が不

図 6-7　マイクロクェーサー SS433 の想像図
（出所）　NASA

安定を起こすことで明るくなり，X線バーストとして観測されるものもある。

　白色矮星への降着円盤は，やはり不安定性により明るく輝くことがある。矮新星と呼ばれるこの現象は，両星の質量や間隔，質量降着率によってさまざまな姿を見せる。白色矮星表面で核反応が起きると，たいへん明るく輝く古典新星となる。これらの変光現象の観測は，天文愛好家と研究者の共同研究も活発に行われる分野となっている。毎年数件報告される天の川銀河内の古典新星の発見の多くは，日本人天文愛好家の手になるものだ。

7 | 超新星爆発と宇宙の化学進化

山岡 均

《目標&ポイント》 本章では,恒星の最期を華々しく飾る超新星爆発のメカニズムと,それを含むさまざまなプロセスが宇宙の元素組成をどのように変えてきたかについて学ぶ。この章の学習目標は,次の三つである。①超新星爆発の概要を説明できる。②宇宙の元素組成を変えるプロセスについて説明できる。③観測される宇宙の化学進化について説明できる。
《キーワード》 超新星爆発,核反応,恒星の種族

7.1 超新星爆発

　恒星全体が吹き飛ぶ超新星爆発は,明るく輝くだけではなく,恒星内での核反応の生成物を宇宙にまき散らし,また爆発の衝撃波が次世代の星生成を促すなど,宇宙の進化に大きな役割を果たす天体現象である。

図7-1　超新星2018gvの発見時と極大期
（出所）　発見者の板垣公一氏提供

(1) 重力崩壊型超新星

　大質量星の最期は大爆発で終わると 6.3 節で紹介したが，そのきっかけは中心核で圧力が失われることにある。ケイ素の核反応で鉄などの原子核で満たされた中心核は，温度が 60 億 K を超えた頃に，これまでとは全く逆の反応を起こす[51]。鉄がガンマ線光子を吸収してヘリウム原子核と中性子に分解し，さらにヘリウム原子核もガンマ線を吸収して陽子と中性子に分解される。この鉄の光分解は吸熱反応で，中心核は圧力を失い自らの重力で自由落下するように急激に収縮する。さらに陽子が電子捕獲して中性子となる反応も起きる。この反応も吸熱反応であるとともに，粒子数が減少することも圧力を失うことに加担する。

　自由落下は，中心核の最深部が原子核の密度 ($10^{17} \mathrm{kg/m^3}$) に達したところで，強い力が働いて急にストップする。それよりも外側はまだ落ちてくるが，強い力が働く領域で跳ね返され，外向きの衝撃波が生じる。この衝撃波面はたいへん高密度で，電子捕獲で放出された電子ニュートリノや，高温状態の中心部で対生成されるニュートリノが，この衝撃波面で相互作用して衝撃波にエネルギーを与える。そして衝撃波は外向きに伝わり，中心核以外の星全体を吹き飛ばす。これが重力崩壊型超新星である。

　重力崩壊で得られる重力エネルギーは莫大だ。(5-6) 式に，中心核の質量 $\simeq 1.4 M_\odot$ と，跳ね返りが起きる半径 $\simeq 10\mathrm{km}$ を代入すると，利用できる重力エネルギーは $10^{46}\mathrm{J}$ 程度となる。これは，外層が 3000km/s で膨張する運動エネルギーや，光として放出されるエネルギーより 2 桁大きい。重力エネルギーの 99% は，ニュートリノによって運び去られてしまう。

　超新星爆発時には，中心核周りのケイ素層や酸素層下部で爆発的な元素合成が起き，$0.1 M_\odot$ 程度の $^{56}\mathrm{Ni}$ が生成される。この原子核は半減期

---

[51] 大質量星のなかでも最も軽いもの（$8-10 M_\odot$），宇宙初期の超大質量星などは，別のプロセスで圧力を失うと考えられているが，詳細は専門書に譲る。

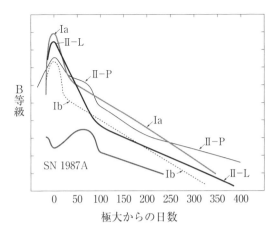

図 7-2　さまざまなタイプの超新星の光度曲線
（出所）Filippenko *et al.*, Annu. Rev. Astron. Astrophys. 1997. 35: 309

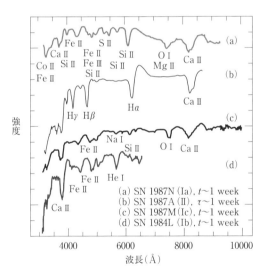

図 7-3　さまざまなタイプの超新星の極大 1 週間後のスペクトル
（出所）Filippenko *et al.*, Annu. Rev. Astron. Astrophys. 1997. 35: 309

6.6日で^{56}Coに崩壊し，さらに^{56}Coは半減期77日で^{56}Feに崩壊する．この崩壊で出るガンマ線が，超新星が光るエネルギー源となる．

爆発を起こした時点の外層部の様子によって，重力崩壊型超新星の観測的特徴は多彩である．膨大な水素外層を持った状態で爆発を起こせば，水素の線スペクトルが顕著なⅡ型超新星として観測される．放出され膨張する超新星本体の質量が大きいため，ゆっくりした光度変化を示す．水素外層を失ってヘリウム層があらわになった状態で爆発すれば，ヘリウム線が特徴的なⅠb型超新星となる．水素層がわずかに残った状態で爆発すると，初期には水素線が見え，そのうちⅠb型に似たスペクトルとなるⅡb型超新星として観測される．さらにヘリウム層まで失った後の爆発であれば，水素線もヘリウム線も見られないⅠc型超新星となる．もともとが$50M_\odot$以上あったような超大質量星がウォルフ・ライエ星の状態となった後に起こすⅠc型超新星は，膨張速度が30000km/sにも達する極超新星（ハイパーノバ）として観測される．一方，連星の相互作用などで外層を失った軽い炭素・酸素コアが爆発した場合は，光度変化が速い通常のⅠc型超新星となる．これらの分類と対応は，活発に研究が続けられており，今後認識が変わるかもしれない．

（2）核爆発型超新星

単独で存在する白色矮星は冷えていくだけだが，近接連星系内にある白色矮星が相棒の星から質量を受け取ると，また違った結果となる．隣の星からの質量降着率と白色矮星の質量によって結果はさまざまだが，中心で核反応に点火するような条件で質量が降り積もった場合，電子縮退下での核反応は暴走し，白色矮星全体を吹き飛ばす核爆発型超新星となる．観測的には，ケイ素線が顕著なⅠa型超新星として認識される．

Ⅰa型超新星は，渦巻銀河の腕に特徴的に存在する星形成領域だけで

はなく，近年星形成が起きていない楕円銀河でも発生する。このことも，このタイプの超新星が，寿命が短い大質量星を起源とする重力崩壊型超新星ではなく，別のメカニズムで起きていることを示唆する。

炭素・酸素白色矮星の爆発的核反応では，$0.7 M_\odot$ 程度の ^{56}Ni が生成される。典型的な重力崩壊型超新星での生成量に比べて 10 倍ほど多いため，このタイプの超新星は典型的な重力崩壊型超新星よりも 2 等級ほど明るく輝く。Ia 型超新星の極大光度は，若干のばらつきはあるが一様であり，減光の速さと極大光度との間に相関があることが知られている。これを距離測定の標準光源として用いることで，宇宙の加速膨張が知られたことは，1990 年代の科学の十大ニュースの一つにも数えられた出来事だった（13.2 節参照）。

核爆発型超新星の引き金や直前系については，さまざまな議論が続けられている。普通の恒星からの質量降着なのか，白色矮星同士が回り合ううちに重力波を放って軌道が小さくなりついには合体したものなのか，超新星研究の最先端の課題である。

7.2 ビッグバン元素合成と恒星の主要な核生成物

主系列星の中心部では水素がヘリウムに変換されていく。このことは，宇宙に存在する元素の種類と比率は一定ではないということに直結している（口絵 3）。宇宙は，さまざまな核反応によって豊かになってきたのである。

ビッグバンの最初期の宇宙には，陽子と中性子が同じ量だけ存在していた。非常に高温だったため，陽子と中性子が平衡していたからである。温度が下がってこの平衡が成り立たなくなると，単独で存在する中性子は 10 分ほどの半減期で崩壊して陽子になってしまう。すべての中性子がなくならないうち，宇宙誕生およそ 3 分後に，陽子と中性子が核反応を

起こして ^{4}He 原子核が生成された。しかし，質量数が5や8の原子核はきわめて不安定なため，それ以上重い原子核はほとんど生成されなかった。これがビッグバン元素合成だ。これにより，宇宙は質量比で約75％の水素（陽子）と25％のヘリウム，そしてごく微量のリチウムで満たされ，これらが最初の天体を作る材料となった（詳しくは13.1節を参照）。

　第5,6章で見たように，恒星の内部では，水素がヘリウムに，ヘリウムが炭素や酸素に，そして大質量星では鉄までのさらに重い原子核が生成される。これらは，惑星状星雲や超新星残骸などの形で宇宙にまき散らされ，次世代の天体を作る材料となる。特に大質量星からは，恒星の中で合成された大量の酸素原子核が放出される。宇宙に存在する酸素の多くは大質量星起源である。

7.3　軽い原子核とs－過程元素

　ヘリウムと炭素の間の原子核，すなわちリチウム，ベリリウム，ホウ素は，恒星内部の核反応では生成されない。ビッグバンのときにわずかに生成されたリチウム以外は，高エネルギーの宇宙線粒子が炭素などを破砕して生成されたと考えられている。

　恒星内部では，もう一つ別の原子核反応が起きる。漸近巨星分枝の星が熱パルスを起こして外層を膨張させると，対流が深くなって水素が内側に供給される。この水素は，^{12}C$(p,\gamma)^{13}$N$(,e^+\nu)^{13}$C$(p,\gamma)^{14}$N という反応を起こし，内部で ^{13}C が増加する。この ^{13}C がヘリウムと ^{13}C$(\alpha,n)^{16}$O という反応をすることで，中性子が供給される。中性子は電荷がないため，重い原子核に捕獲されてさらに重い原子核を形成する。中性子が過剰な原子核は不安定で，β 崩壊することで，原子核内で陽子が一つ増えて原子番号（＝核内陽子数）が1大きな元素となる。中性子の供給はそれほど多くないので，中性子捕獲のタイムスケールは環境に左右されない β

崩壊のタイムスケールに比べて長く，中性子捕獲はゆっくりと進む。この過程はs－過程と呼ばれる。sはslowのsだ。この過程で生成される元素は，^{88}Sr，^{138}Ba，^{208}Pbなどが代表的なもので，これらの元素は「s－過程元素」と呼ばれている。s－過程元素は，対流によって表面に運ばれ，漸近巨星分枝星で特徴的に観測される。

s－過程は，^{206}Pb$(3n,)^{209}$Pb$(,e^-\bar{\nu})^{209}$Bi$(n,\gamma)^{210}$Bi$(,e^-\bar{\nu})^{210}$Po$(,\alpha)^{206}$Pbが反応の終点となる。すなわち，鉛やビスマスよりも重い元素はs－過程では生成されない。これより軽い元素でも，中性子が極端に多い原子核が崩壊してできる核種はこの過程では作ることができない。このような原子核は，次の節で扱う激しい核反応で生成される。

7.4 激しい核反応

宇宙で起きている核反応は，恒星の中心部で起きるゆっくりしたもの以外に，爆発的な現象に伴う急速なものがいくつかある。その一つは，白色矮星表面での核爆発である古典新星に伴うものだ。

古典新星は，6.4節（2）でも紹介したように，近接連星系内で伴星からの物質が白色矮星表面に降り積もって核反応を起こすものだ。薄い層で縮退に近い状態での核反応は，暴走して激しい爆発を起こす。核反応の材料は主として水素で，このプロセスではそれほど重い原子核は生成されない。近年になって古典新星のスペクトルから短寿命のベリリウム同位体が検出され，核反応が実際に起きていることが確かめられた。

7.1節（2）で扱った核爆発型超新星も，激しい核反応の現場だ。炭素と酸素からなる白色矮星の中心で核反応が始まり，縮退している環境下では核反応は激しく起きるが，縮退下では衝撃波による圧縮は効かないため，反応の伝達は衝撃波による場合に比べてややゆっくりで，外層部では膨張して密度がやや低くなった状態での核反応となる。白色矮星の

中心では核融合の終着点である鉄付近の元素が大量に生成され，外層部では「生焼け」のケイ素などが多く生成される．Ⅰa型超新星の特徴であるケイ素は，こうして生成されたものだ．1回の爆発で鉄が$1M_\odot$程度生成される．宇宙の鉄の多くは，この核爆発型超新星が起源である．

　7.1節(1)の話題だった重力崩壊型超新星でも核反応が起きる．ケイ素層や酸素層下部では，衝撃波が通過するときの高温高密度下で鉄を中心とした元素が作られる．さらに，陽子の電子捕獲による中性子化バーストによって大量に生成した中性子が重い原子核に捕獲されて，さらに重い原子核を作る．この際の中性子の量は，漸近巨星分枝星の内部に比べて桁違いに多いため，極端に寿命が短い核種でない限りβ崩壊を起こす間もなく中性子捕獲が進む．数秒で進むこの反応は，r－過程と呼ばれる．rはrapidのrだ．r－過程で生成される元素の代表として，^{80}Ge，^{130}Xe，^{195}Ptが挙げられる．s－過程元素で多いものに比べて質量数も原子番号もやや小さい．これは，中性子数が同じところで反応が滞留する（マジックナンバー）からで，s－過程でできる元素よりも陽子数がずっと少ない不安定核がまず生成され，そこからβ崩壊で安定した原子核になった時点でも，質量数・原子番号ともにs－過程元素よりも小さい核種がピークとなる．これら「r－過程元素」は，宇宙の最初期にできたと推定される天体でも観測されており，寿命が短い大質量星が起源であると考えると話が合う．

　近年の研究で，重力崩壊型超新星での元素合成環境では中性子量が足りず，^{80}Geは生成できるが^{195}Ptを生成するのは困難であることがわかってきた．このような重いr－過程元素を生成する現場として，中性子星が合体する現象が注目されている（2.4節参照）．

　これらの元素合成の結果，私たちの太陽系における元素組成は，図7-4に示すようなものとなっている．ビッグバン直後の水素とヘリウムしか

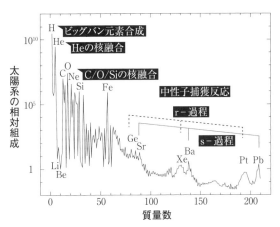

図 7-4 太陽系組成と原子核生成過程

存在しない状態から，この組成になるまでの過程には，ここまで紹介してきた核反応がすべて関与している。

7.5 恒星の世代と宇宙の化学進化

恒星のなかには，つい最近誕生したものもあれば，宇宙初期に誕生したものも存在する。観測的にこれらがどのように区別できるのか，それぞれどのような特徴があるのかについて見ていこう。

（1）種族Ⅰと種族Ⅱ

うしかい座の1等星アークトゥルスは，固有運動がたいへん大きい恒星として知られている。私たちの近傍に位置することもあるが，私たちに対する相対速度が大きいのだ。太陽近傍の恒星の多くは，銀河回転に乗った運動をしているため，運動のばらつきは少なく，太陽系との相対速度は10km/s程度にすぎない。ところがアークトゥルスの相対速度は120km/sにも及ぶ。

このような高速度星は、スペクトルにも特徴がある。炭素以上の重い元素[52]が、太陽に比べて大幅に少ないのだ。これらの特徴から、太陽と同じような組成を持つ恒星を種族 I、重い元素が少ない恒星を種族 II と呼んで区別するようになった。アークトゥルスも重い元素は太陽の半分以下で、種族 II に属する。太陽近傍の種族 II の恒星は暗い主系列星が多く、赤色巨星のアークトゥルスは例外的に明るいものだ。

種族 I の恒星は銀河円盤部に薄く存在し、種族 II の恒星は天の川銀河を丸く包むハロー部に多いこともわかった（図 7-5）。ハローに点在する球状星団に含まれる恒星も種族 II だ。ハロー星は天の川銀河の円盤面とは無関係に運動しているため、太陽系との相対速度が大きい。

円盤部では活発な星形成が続いており、種族 I の恒星は宇宙年齢に比べて最近形成されたものと考えられる。一方種族 II の恒星は、天の川銀

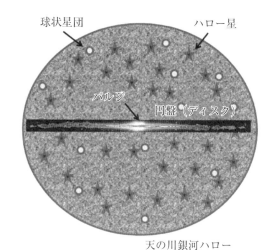

天の川銀河ハロー
（ダークマター、高温ガス、ハロー星、球状星団）

図 7-5　天の川銀河の模式図

52　このような元素を天文学では「重元素」「金属」と呼ぶことが多いが、紛らわしいので本項では避ける。

河ができた頃の宇宙初期に形成されたものである。ここまで学んできたように，時間とともに宇宙の組成は変化しているが，恒星の種族の違いは，この組成変化を反映したものといえる。

(2) 種族Ⅲの星

　種族Ⅱの恒星のなかには，炭素より重い元素の量が太陽の10万分の1しかないものも発見されている。さらに推し進めて，重い元素が全く含まれないような恒星（種族Ⅲの恒星）も探されているが，まだ見つかっていない。重い元素が少ない状況では，寿命の長い小質量星は形成されにくいとの理論的推測もあり，つじつまは合っている。

　宇宙のごく初期には，寿命が短い大質量星起源の重い元素のみが供給される（図7-6）。そしてしばらく時間が経つと，寿命が長い中小質量星起源の元素が増えていく。このことは，種族Ⅱの恒星の組成の観測からも裏付けられている。重い元素が太陽のおよそ10分の1よりも少ない恒星は，大質量星起源の元素だけで説明できる組成比となっているが，そ

図7-6　アルマ望遠鏡が酸素を観測した遠方銀河 MACS1149-JD1
（出所）　ALMA (ESO/NAOJ/NRAO), NASA/ESA Hubble Space Telescope, W. Zheng (JHU), M. Postman (STScI), the CLASH Team, Hashimoto *et al*.

れよりも重い元素が多くなってくると，中小質量星からの寄与，特に鉄の量が増加してくる．

　こうして増加した重い元素が材料となって，新しい世代の恒星が誕生するときには，惑星や彗星，小惑星などの小天体が形成されることになる（4.3節）．地球やその大気，そしてその上で育まれた生命は，すべて恒星のなかで生成された元素でできているのである．

8 | 銀河の多様性と規則性

河野孝太郎

《目標＆ポイント》 私たちの住む天の川銀河を含め，さまざまな種類の銀河の特徴を概観する。銀河を特徴付ける重要な物理量とその多様性を学ぶとともに，これらがどのような規則性を持つか，について考察する。銀河中心核の活動性についても触れる。

《キーワード》 形態，表面輝度，光度，星質量，色，金属量，星生成率，シュミット・ケニカット則，星生成銀河の主系列，円盤銀河と楕円銀河の力学的特徴，活動銀河中心核

8.1 普通って何？

　銀河は，宇宙に存在する多種多様な天体のなかでも，特に根幹をなすものであるといっても差し支えはあるまい。もちろん，銀河のなかには多数の恒星が存在しており，そうした星こそ宇宙の基本単位であるという言い方も当然あるだろう。しかし，この宇宙に，大規模構造と呼ばれるような巨大な泡状構造（図1-8，口絵2）が存在することは，観測された銀河一つひとつを「点」としてプロットしていくことにより，初めて明らかになったのである。こうした無数の銀河のなかで，私たちの住む銀河系（天の川銀河）は，一体，どういう存在なのだろう。普通なのか？　特別なのか？　それは，この宇宙に存在する銀河がどのような多様性を持つのかを知ることによって，初めて理解できるであろう。本章では，銀河とはどのような物理量によって特徴付けられ，それがどのような多様性を示すものであるか，また，そのなかにどのような規則性が

見いだされているのか，について考えてみることにしよう。

8.2 銀河の形態

　銀河を特徴付ける物理量や観測量は多岐にわたるが，銀河という天体が認識されて以来，最も古くから着目されてきたのが，銀河の形態であろう。ここでいう形態とは，可視光で見た星の分布である。可視光で見た銀河の形態は，大別すると，円盤構造が卓越しており，渦状構造を示す円盤銀河あるいは渦状銀河，球状あるいはラグビーボール状に星が分布する楕円銀河，そして，そのいずれでもなく，乱れた形状を示す不規則型銀河に分類される。渦状銀河のなかには顕著な非軸対称構造，いわゆる棒構造を持つものがあり，これは棒渦状銀河と呼ばれる。こうした形態分類は，米国の天文学者ハッブル（1889-1953）が1936年に提唱したものから始まっており，銀河のハッブル分類と呼ばれ，また，楕円銀河の系列から渦状銀河と棒渦状銀河の2系列に分岐するハッブルの音叉図として知られている（図1-7, 口絵1）。

　こうした分類を行うと，往々にして中間的なものが現れてくるものである。そうしたものまで系統的に分類すべく，ハッブル分類には，現在までに，さまざまな改良がなされている。例えば，ドゥ・ボークルール（G. De Vaucouleurs, 1918-1995）が，アラン・サンデージ（A. Sandage, 1926-2010）による詳細化をもとに完成させた改訂ハッブル分類は，Sc型よりさらに晩期型を導入するとともに，棒状構造についての中間型（SAB型）を定義し，渦状構造にリング型（r）やスパイラル型（s）という分類基準を定めるなど，工夫されたものとなっており，現在でも使われる（図8-1）。

　こうした銀河の形態を，より定量的に分類しようとする試みは，いくつか提唱されている。その一例として，図8-2に，非対称度と中心集中

度に着目した手法を示す。

図 8-1 ドゥ・ボークルールによる改訂ハッブル分類の例
（出所）「銀河 1 ［第 2 版］」谷口義明・岡村定矩・祖父江義明編（シリーズ現代の天文学 4，日本評論社，2018）

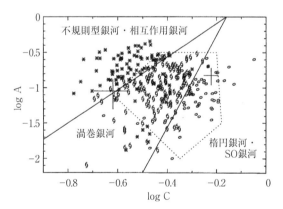

図 8-2 銀河の非対称度（縦軸 A）と中心集中度（横軸 C）に着目した定量的形態分類法の例
（出所）Abraham *et al.* 1996, MNRAS, 279, L47

8.3 銀河の表面輝度分布

　銀河の形態を，より定量的に示すうえで，重要な手がかりになるのが，銀河における表面輝度の分布である。表面輝度とは，天球面上の単位面積あたり（単位立体角あたり）の明るさであり，広がった天体の明るさを表す際に広く用いられる。ある銀河について，銀河の表面輝度を中心からの距離の関数として表すとしよう。これを $I(r)$ とすると，楕円銀河においては，$I(r)$ が半径の 1/4 乗に従うこと，具体的には，次の式で表されることが知られている。

$$I(r) = I_\mathrm{e} \cdot \exp\left\{-7.67\left[\left(\frac{r}{r_\mathrm{e}}\right)^{\frac{1}{4}} - 1\right]\right\} \tag{8-1}$$

　ここで，r_e は銀河の全光度の半分を含む半径であり，有効半径（effective radius）と呼ばれる。銀河の大きさを示す重要な指標の一つである。また I_e は $r = r_\mathrm{e}$ での表面輝度を表している。この (8-1) 式で記述されるような表面輝度分布をドゥ・ボークルール則あるいは 1/4 乗則と称する。

　一方，円盤銀河ではどうなるだろう。特に円盤部分に着目すると，その輝度分布 $I(r)$ は，指数関数的であることが知られている。具体的には，円盤での輝度分布を銀河中心（$r = 0$）まで外挿した値を I_0，また，この I_0 に対して表面輝度が $1/e$ になる半径を h とすると，

$$I(r) = I_0 \cdot \exp\left(-\frac{r}{h}\right) \tag{8-2}$$

のように表すことができる。h はスケール長と呼ばれ，円盤の大きさを記述する重要な指標の一つである。ここで，I_0 は，あくまでも円盤部分の表面輝度分布を示すものであり，実際の銀河中心における明るさを反映しているとは限らないことに注意しよう。円盤銀河であっても，中心部分には，（銀河の形態によるが）ある大きさのバルジが存在し，そのバ

ルジのほうが円盤部より一般には明るいからである。ここで，I_0 と h の代わりに，I_e と r_e を使って式（8-2）を書き換えると，輝度分布は

$$I(r) = I_e \cdot \exp\left\{-1.68\left[\left(\frac{r}{r_e}\right)-1\right]\right\} \tag{8-3}$$

のように表される．これらの比較から，楕円銀河と円盤銀河とでは，輝度分布に特徴的な違いが見られること，すなわち，半径に対して1/4乗で変化するのか，あるいは指数関数的に変化するのか，を調べることにより，楕円銀河的か円盤銀河的かを区別できることを意味している．

このように，式（8-1）や（8-3）の関数形に着目し，これをより一般化したものが，次式である．

$$I(r) = I_e \cdot \exp\left\{-b_n\left[\left(\frac{r}{r_e}\right)^{\frac{1}{n}}-1\right]\right\} \tag{8-4}$$

楕円銀河の1/4乗則は $n=4$ に，また円盤銀河の指数分布は $n=1$ に対応する．また，その後の詳しい観測により，楕円銀河でも輝度分布には多様性があること，例えば，n が4より大きくなるケースがあることも明らかになってきた．なかには，n が約10で記述されるような，中心集中度のきわめて高い楕円銀河も見つかっている．この式（8-4）における指数 n を，セルシック（Sersic）指数と呼び，銀河の形態の指標として，広く用いられている．

ところで，先ほど，円盤銀河の中心部にはバルジと呼ばれる，球状の星の分布があると述べた．このバルジは，通常は n が約4で記述されるが，なかには，もっと小さいセルシック指数で記述できてしまうもの，例えば n が約1で説明できるような分布を示すものも見つかっている．これらの構造は，擬似バルジ（pseudo-bulge）と呼ばれる．これと区別するために，通常のバルジを，古典的バルジ（classic bulge）と呼ぶこともある．これらは，異なる形成メカニズムを経てきたと考えられてい

るが，まだ十分には理解されていない。

8.4 銀河の光度と星質量

銀河の光度はどのような統計に従うのであろう。多数の銀河について，距離を測定し，見かけの光度から絶対等級あるいは絶対光度を求め，どのような明るさ・暗さの銀河が，どの程度の数だけ存在するか示したものを光度関数と呼ぶ。絶対光度が L から $L+\mathrm{d}L$ の範囲にある銀河の単位体積（宇宙膨張の効果を考慮した共動体積を用いる）あたりの銀河数を $\Phi(L)$ と表す。

現在の宇宙における r バンドでの光度関数の例を図 8-3 に示す。これはスローン・デジタル・スカイサーベイ（SDSS）により測定された，約 1 万 1000 個もの銀河のサンプルに基づくものである。このように，銀河は暗くなるほど数が増えていくが，その増え方は，暗い側では緩やかであり，べき乗則で記述できる一方，明るい側では，明るくなるほど指数関数的にその数が減っていく。ちょうどその境にある光度（折れ曲りの場所を示す光度）を光度関数の膝（knee）と呼び，L^* で表す（光度の

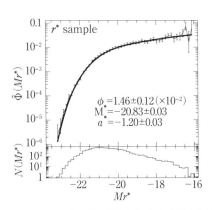

図 8-3　SDSS の r バンドで測定された銀河の光度関数
（出所）　Blanton *et al.* 2001, AJ, 121, 2358

かわりに，絶対等級を用いる場合は，M^*で表す．図8-3は絶対等級での表示となっている）．このL^*は，光度関数の特徴的な明るさ，言い換えれば，あるバンドで観測した銀河の，典型的な明るさを表していると考えることができる．

こうした特徴を記述する関数形としては，ポール・シェヒター（P. Schechter, 1948-）により提案されたシェヒター関数が広く用いられている．

$$\Phi(L)dL = \Phi^* \left(\frac{L}{L^*}\right)^\alpha \cdot \exp\left[-\left(\frac{L}{L^*}\right)\right]\left(\frac{dL}{dL^*}\right) \qquad (8\text{-}5)$$

ここで，αは，暗い側の銀河におけるべき乗的な数の増え方を表す指数である．

図8-3に示されているように，銀河の光度は7等級にも及ぶ幅がある．銀河の光度は，その担い手である星の質量を反映しているため，質量-光度比（M/L比）[53]を介して，あるいは，より詳細な星からの光のモデル（種族合成モデル）を介して，星質量に換算することができる．星質量の測定においては，近赤外線での観測も重要である．銀河における星質量の主要な担い手は，（明るいが数の少ない）大質量星ではなく，太陽質量程度の比較的小質量な星であり，近赤外線はそうした星の観測に適しているからである．

こうして得られる銀河の星質量は，幅広い分布を示す．大きいものでは$10^{11}M_\odot$を超える一方，10^9−$10^8M_\odot$，あるいはそれ以下というような質量の小さい銀河も存在する．例えば楕円銀河M87（図1-7，口絵1および図2-7参照）の質量は太陽質量の1兆倍を超えると考えられており，現在の宇宙で最も質量の大きい銀河である．一方，すばる望遠鏡に搭載された超広視野カメラHSCにより最近発見された，きわめて暗い天体Cetus IIIは，大きさがわずか90pc足らずであり[54]，その質量は太陽質量

---

53 ダークマターも含めた質量-光度比もある．
54 これほど小さい天体であるが，同程度の光度を持つ球状星団と比較して顕著に大きいことから銀河であると考えられる．ただし「きわめて微かな矮小銀河」（ultra-faint dwarf galaxy）である．

のわずか 2000 倍―4000 倍程度しかないと推定されている[55]。

8.5 銀河の色

　もう一つ，銀河の形態分類の定量化につながる重要な観測量がある。それは可視光域での銀河の色である。銀河の色とは何だっただろうか。天文学では，異なる二つの波長で天体の明るさを測定したとき，その二つの明るさの比のことを，しばしば「色」と称する。可視光であれば，より波長の長い光が卓越している場合はより赤く，逆により短い光が卓越している場合はより青く見えることになる。こうした銀河の色と，形態分類の関係を調べた例を図 8-4 に示す。楕円銀河は赤い色を示す一方，円盤銀河は，Sa 型から Sd 型，さらに不規則型 Im へと形態が変わるにつれて，B バンドと V バンドとの比（色指数 $B-V$）が顕著に青い

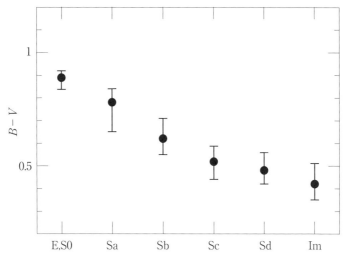

図 8-4　形態の異なる銀河が示す色指数 $B-V$ バンド
（出所）「銀河進化の謎」嶋作一大（UT Physics・4，東京大学出版会，2008）

55　Homma *et al.* 2018, PASJ, 70, S18

側（$B-V$の値が小さい側）へとシフトしていくことがわかる．

　銀河の色を決めているのは何であろう．まず一つは存在している星の種族である．年齢の若い大質量星（すなわち温度の高い星）が多く存在している場合は，波長の短い光の寄与が大きくなり（図2-2参照），青くなる．一方，星生成活動が止まってから一定の時間（数千万年から1億年程度）が経過すると，寿命の短いO型星やB型星はすべて死に絶え，より質量の軽く寿命の長い星（温度の低い星）が卓越している状態になり，相対的に赤い色を示す．星の進化（のみ）によって銀河の色が変化（進化）していくことを，受動的な色進化と呼ぶ．

　銀河内に存在する星間ダストの多寡も色を決めるもう一つの重要な要素である．ダストが多い場合は，紫外線や可視光では減光を受けるが，その度合いは強い波長依存性を持つ．すなわち，波長の短い波長ほど，減光の度合いが大きくなるため，より赤い色を示す．これを赤化と呼ぶ（補遺1「星間ガスによる吸収」を参照のこと）．

　この銀河の色は，銀河の明るさ（絶対等級）と非常に興味深い関係を示すことが知られている（色 – 等級図）．銀河の明るさを星質量に換算して得られた色 – 星質量関係を図8-5に示す．

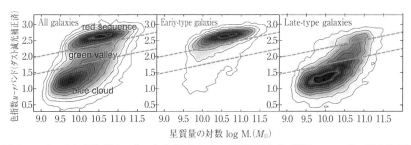

図8-5　SDSS銀河サンプルから得られた，星質量と色指数 $u-r$ バンドの関係
この平面上における銀河の分布を，等高線で示している．
（出所）Schawinski *et al.* 2014, MNRAS, 440, 889

この図によれば，近傍銀河の大半は，色−星質量関係のなかで，楕円銀河の存在に対応する，質量が重くて赤い色を示す系列，いわゆる赤い系列（red sequence）と，比較的星質量は軽いが，色が青くて現在活発な星生成をしていると考えられる銀河のグループ，いわゆる青い雲（blue cloud）に大別されることがわかる．また，その両者の間には，銀河の数としては少ないが，中間的な色と質量を示す銀河が存在する．これは緑の谷（green valley）と呼ばれる．

こうした定量的な手がかりをもとにすれば，銀河の形態分類も，人の目を介してではなく，より客観的に分類できるようになることが期待される．例えば，SDSS 等で取得された膨大な数の銀河画像を多数の人の目により分類する Galaxy zoo プロジェクト[56]や，HST/WFC3 による銀

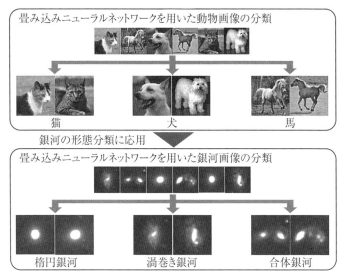

図 8-6　機械学習による動物画像の分類と銀河の分類を示す概念図
（出所）　但木謙一（国立天文台）による

56　https://www.galaxyzoo.org/

河探査プロジェクト CANDELS では，ニューラルネットワークを使った機械学習による形態分類の試みもなされている[57]。すばる望遠鏡 HSC など大規模データを生み出す観測装置の登場に伴い，こうした機械学習の天文学への応用は，形態分類に限らず，多様なテーマで劇的に進展しつつある（図 8-6）。

8.6　銀河の金属量

　天文学では，ヘリウムより重い元素をしばしば一括りに金属あるいは重元素と呼ぶことが多い。1.3 節や第 7 章で述べられているとおり，こうした重元素は，星の内部や超新星爆発時に作られ，星間空間に放出されたものである。また，重力波天体 GW170817 で話題になった中性子星連星の合体時にも作られると考えられている。したがって，銀河のなかに存在する数多くの星が誕生と死を繰り返しながら，銀河内の金属量は徐々に増えていく。こうした過程を，銀河の化学進化と呼ぶ。銀河において，金属量を調べることは，その銀河での星生成の履歴をたどることにつながり，重要な意義を持つ。

　実際に観測されるのは，個別の元素の相対的な存在量になる。例えば，鉄や酸素の存在量を表す際に，水素に対する比（元素組成比）として扱う。さらに，太陽組成（$Z_\odot$）で規格化し，また，対数をとって 12 を足して扱うことも多い。例えば，水素に対する酸素の比は，太陽においては 4.9×10^{-4} であり，これはしばしば $12 + \log(\mathrm{O/H})_\odot = 8.69$ と表される。酸素が太陽組成の $1/2(0.5Z_\odot)$ であれば $12 + \log(\mathrm{O/H}) = 8.39$，3 倍（$3Z_\odot$）であれば $12 + \log(\mathrm{O/H}) = 9.17$ である。

　図 8-7 は現在の宇宙（$z<0.1$）において 5 万 3000 個もの銀河で測定された金属量（ここでは，正確には酸素の水素に対する存在量比）の，星質量に対する依存性（星質量 − 金属量関係）を示したものである。星

---

[57] Dieleman *et al.*, 2015, MNRAS, 450, 1441; Huertas-Company *et al.*, 2015, ApJS, 221, id. 8 など

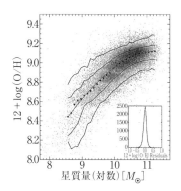

図 8-7 現在の宇宙における銀河で測定された星質量－金属量関係
（出所）　Tremonti *et al.* 2004, ApJ, 613, 898

　質量の大きい銀河ほどより金属量が大きく，一方，軽い銀河ほど金属量が小さいという傾向が明確に見てとれる。星質量が大きいということは，それだけ過去に活発な星生成活動を経たことを意味しており，星生成活動の結果，増えるはずの金属量が大きくなることは確かに期待されるであろう。ただし，散らばり（分散）も小さくないことから，この分散を作っている何か重要な第3のパラメータが存在していることも示唆される。これが星生成率であり，この三つを軸とした空間では，銀河はある平面（曲面）上に分布するという主張がある一方，この分散を作っているのはガス量であるとする研究結果もあり，決着はまだついていない。

8.7　星生成銀河のスケーリング則

　銀河の色はハッブル分類と関係が深く，その色の違いを決める重大な要因の一つが星生成活動の違いによるものであった。また，銀河に蓄積された重元素は，銀河における過去の星生成活動の刻印であることも述べた。そうした銀河における星生成活動を特徴付ける重要な観測量の一

つが星生成率である。これは単位時間あたりに生成される星質量を表しており，単位は $M_\odot$/年である。また，単位面積あたりの星生成率（星生成率面密度）として示す場合も多く，この時の単位は $M_\odot$/年/kpc^2 あるいは $M_\odot$/年/pc^2 などが用いられる。この星生成率や星生成率面密度は，銀河によって，また，一つの銀河のなかにおいても，大きな多様性を示していることが知られており（図8-8，口絵11），その多様性をつかさどる物理的な要因を理解することも，銀河天文学における大きな課題の一つである。

　星生成活動は，銀河のどのような物理量と関連付けられるのであろう。一つは星生成の材料となる星間物質，特に分子ガス[58]との関係（スケーリング則）である。図8-9に，いろいろな銀河で測定された，ガス面密度[59]と，星生成率面密度との関係を示す。ガス面密度が約 $10M_\odot/\mathrm{pc}^2$ を超えると，ガス面密度と星生成率面密度がおおむね比例しており，星生

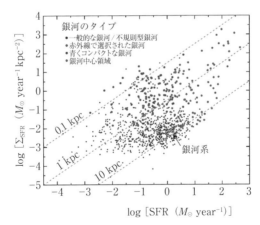

図 8-8　銀河において観測される星生成率および星生成率面密度の多様性
（出所）　Kennicutt & Evans 2012, ARA&A, 50, 531

58　主成分は水素分子である。星間分子ガス中には，これ以外にも多様な分子種が含まれているが，水素分子ガスに対する存在量は，水素分子の次に豊富な一酸化炭素（CO）分子でも 10^{-4} 以下である。
59　ここでは，水素分子ガス（H_2）と中性水素原子ガス（H）を合わせたものである。

成の材料となるガス量が星生成率を規定する重要な要素の一つであることを示している。一方，ガスの面密度が約 $10 M_\odot/\text{pc}^2$ よりも小さい領域では，星生成率が急速に低下し，ガス量との関係が崩れていくことがわかる。このようなガス面密度では，水素分子ガスと比較して希薄な水素原子ガスが卓越しているが，希薄な水素原子ガスは，星生成活動の直接的な母体にはならないことを反映している。一方，星生成活動がより活発な銀河に着目すると，同じガス面密度であっても，より高い星生成率面密度を示す系列が存在していることもわかる。これは，ガスを星生成により消費する時間尺度の違いを表している。ガス量と星生成率の比はガスの消費時間を表すことから，図8-9の斜め線は，ガス消費時間一定の線に対応し，ここでは，10^8 年のうちに消費するガスの割合を示している。10^8 年程度でほぼ100%のガスを消費し尽くしてしまうような激し

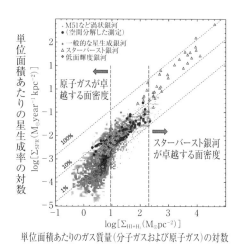

図 8-9　ガス面密度と星生成率面密度のスケーリング則（シュミット・ケニカット関係）
（出所）　Kennicutt & Evans 2012, ARA&A, 50, 531

い星生成をバースト・モードと呼び，一方，10^9 年－10^{10} 年かけて行われる持続的な星生成を円盤モードと呼ぶ．これは，こうした持続的な星生成は，円盤銀河の円盤部で広く観測されることによる．

いろいろな銀河における星生成率のスケーリング則として，もう一つ重要なものが図 8-10 である．SDSS による近傍銀河のサンプルから，青い色を示す銀河，すなわち星生成活動の見られる銀河について，星質量と星生成率とを比較すると，多くの銀河が，あるスケール則を示す系列上に乗ることがわかる．これを星生成銀河の主系列と呼ぶ．私たちの銀河系も，現在の宇宙における主系列上に位置しており，ごく普通の星生成銀河と呼ぶことができるであろう．一方，スターバースト銀河として知られる M82 は，同じ星質量の主系列上の銀河と比較して，約 3 倍高い星生成率を示している．また，超高光度赤外線銀河（Ultra luminous infrared galaxy，ULIRG）である Arp220 は，桁違いに高い星生成率を示している．激しい星生成活動を示すスターバースト銀河は，いろいろ

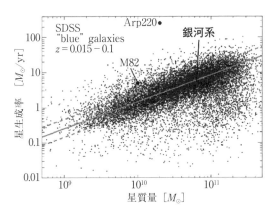

図 8-10　SDSS 銀河サンプルのうち青い色を示す銀河（星生成銀河）の，星質量と星生成率の関係

（出所）　Elbaz *et al.* 2007, A&A, 468, 33

な定義がありうるが，星生成銀河の主系列という考え方に立てば，主系列から数倍以上（通常，2－4倍以上と定義することが多い）離れた星生成銀河をスターバーストと呼ぶことになる。星質量で規格化した星生成率を，比星生成率（specific star formation rate, sSFR）と呼び，その逆数は星質量が増加する時間尺度を表すが，スターバーストは，（単に星生成率が高いということではなくて）この比星生成率が，主系列での比星生成率と比較して2－4倍以上高い銀河と規定されると考えてもよい。

このように，現在の宇宙では，星生成という観点から見ると銀河系はごく普通の一般的な存在であり，一方，Arp220はきわめて極端な，例外的な存在ということになるが，過去の宇宙にさかのぼってこれらの銀河を位置付けてみると，実は，話が大きく変わってくる。今から約100億年さかのぼった時代では，Arp220のような天体こそが星生成銀河の主役（主系列）に位置しているのである。時代が変わると，何を「普通」と呼ぶか，その位置付けも大きく変わりうるのである。この話題は，第11章で再び登場することになるだろう。

8.8　力学的特徴とスケーリング則

ここまで，銀河における星やガス，およびその時間変化（星生成率）などに着目した多様性と規則性を概観してきたが，銀河における力学的な特徴についても触れておこう。

円盤銀河では回転運動が卓越している。銀河中心からの距離の関数として，回転速度を表した図を回転曲線と呼ぶ。その例として，銀河系において観測された回転曲線を図3-4に示した。銀河系の回転速度は，半径約5kpcから外側では，おおむね220km/sの一定値を示していることがわかる。いろいろな銀河を観測すると，その回転速度は，100km/s未

満のものから,300km/s 以上になるものまで存在していることが知られている。円盤部分では,3 次元的に乱雑な運動成分も存在するが,その速度分散は高々 10―30km/s 程度である。

一方,楕円銀河の場合は,様相が全く異なり,3 次元的に乱雑な向きを持つ運動が卓越している。言い換えれば,楕円銀河における星の分布は,3 次元的に乱雑な運動により支えられている。その速度分散は,典型的には 200km/s 程度であるが,数十 km/s から 400km/s まで幅広い分布を示す。楕円銀河のなかにも,回転運動を示すものは存在しているが,一般にその大きさは乱雑な運動の速度分散より小さい。乱雑な運動の速度分散に対する回転速度の比が大きいものは,星の分布の扁平率が高い傾向にあることが知られている。

このような円盤銀河と楕円銀河の力学的特徴の違いは,銀河が持つ角運動量の違いともいえる。なぜ楕円銀河は角運動量を喪失したのか,その鍵は形成メカニズムの違いにあると考えられる。

最後に,力学的特徴にみられるスケーリング則を紹介する(図 8-11)。円盤銀河では,その明るさ(光度)L と回転速度 $v_{\rm rot}$ の間に,$L \propto v_{\rm rot}^{\alpha}$($\alpha = 3-4$)なる関係が知られている。これをタリー・フィッシャー関係

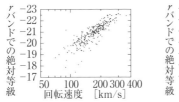
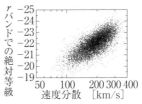

図 8-11 円盤銀河における r バンドでの絶対等級と回転速度のスケーリング則(左),および楕円銀河における r バンドでの絶対等級と速度分散のスケーリング則(右)
(出所)「銀河進化の謎」嶋作一大(UT Physics・4,東京大学出版会,2008)

と呼ぶ。一方，楕円銀河では，光度と速度分散 σ との間に，$L\propto\sigma^4$ なる関係がある。これがフェーバー・ジャクソン関係である。楕円銀河については，このほかにも，平均的な面輝度がある値を超える直径と速度分散との関係（$D_n-\sigma$ 関係）や，光度・速度分散・および有効半径内での平均的な面輝度の間の関係（基本平面）などのスケーリング則が知られている。

8.9 銀河の活動性

銀河における主要なエネルギー放射源は星であるが，もう一つ重要なものがある。それは，物質がブラックホールへ落下していく際にその位置エネルギーを解放して輝く現象である。これを活動銀河中心核または活動銀河核と呼び，そうした銀河核を有する銀河を活動銀河と呼ぶ。ブラックホールに物質が落下する物理過程とその定量的な扱いについては第10章で述べるとして，ここでは，銀河が活動性という観点でいかに幅広い多様性を示すかを概観してみよう。

可視光で，空間的に非常にコンパクトな明るい中心核を持つ銀河を分光すると，［NⅡ］や［OⅢ］，時に［NeⅤ］など，電離度の高いイオンからの輝線（禁制線）や紫外線から可視光にかけての青い連続光成分（ビッグ・ブルーバンプと呼ぶ）が，通常の星生成銀河では見られないほど顕著に卓越するようなものが発見される。これらは活動銀河核の存在を示す典型的な証拠であり，こうした特徴を示す活動銀河は，その明るさに応じて，セイファート銀河やクェーサーと呼ばれる。これらの活動銀河のうち，ある割合のものは，許容線である水素の再結合線 Hα や Hβ，また紫外線であれば Lyα などで，数千 km/s から時に1万 km/s にも及ぶ非常に広い線幅を示す。これらを1型セイファート銀河と呼び，逆に，そうした線幅の広い許容線が見られないものを2型セイファート

銀河（クェーサーであれば2型クェーサー）と呼ぶ。線幅の広いイオンからの輝線は，ブラックホールのごく近傍にあって高速で運動するプラズマの存在を反映していると考えられ，そのような電離ガスが存在する領域を広輝線領域（broad line region, BLR）と呼び，一方，線幅の狭い輝線を出す領域は狭輝線領域（narrow line region, NLR）と呼ぶ。1型と2型の違いを，ブラックホール近傍に存在する広輝線領域を非等方的に遮蔽するような吸収体の存在と，私たち観測者がそれを覗き込む見込み角の違いにより説明しようとする枠組みが，活動銀河核の統一モデルである（図8-12）。2型セイファート銀河においても，偏光観測により隠された広輝線領域が検出されることや，X線の分光観測により，冷たい吸収物質の存在を示す鉄のKα輝線（6.4keV）がしばしば検出されることなどから，この統一モデルは広く受け入れられるに至っている。ただし，トーラスとも呼ばれる幾何学的に厚みのある掩蔽物質の形状や構造，そしてその起源については，未解明課題が山積している。近年，中間赤外線での干渉計や，アルマによるサブミリ波帯での超高解像度観測により，トーラス構造の外縁部がいよいよ撮像され始めており，今後のさらなる進展が期待される。現在の宇宙における代表的な2型セイファート銀河 NGC 1068 の中心部で，トーラスに付随すると考えられる密度の高い分子ガスの回転運動を捉えた例を口絵12に示す。

　また，波長が数cmから数十cmという電波でのサーベイ観測により，電波で強い放射を示す活動銀河もしばしば検出される。これを電波銀河と呼ぶ。セイファート銀河の多くは円盤銀河・渦状銀河であるが，電波銀河の多くは質量の大きい楕円銀河である。現在の宇宙で最も質量の大きい楕円銀河 M87 は，可視光で見えている銀河の大きさを遥かに超えた，巨大な電波ジェットを放射していることが明らかになっている（口絵13)[60]。ブレーザーと呼ばれる，きわめて激しい時間変動を伴う活動銀

60　可視光で見えるジェットについては図2-7を参照。

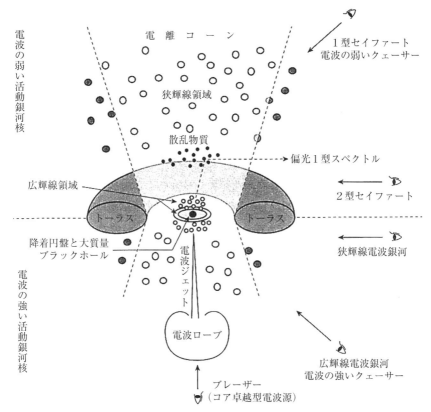

図 8-12 活動銀河核の統一モデル
巨大ブラックホールの周囲に,トーラス状の星間物質(ダスト)が存在し,これが,さまざまな種類の活動銀河の観測的な違いを説明すると考えられている。
(出所)「銀河1 [第2版]」谷口義明・岡村定矩・祖父江義明編(シリーズ現代の天文学4,日本評論社,2018)

河核は,こうした電波ジェットを,ほぼ極方向から覗き込むような特殊なケースではないかと考えられている。また,セイファート銀河やクェーサーは,一般に電波放射が弱いが,なかには強い電波放射を伴うものも

ある。こうしたものを強電波活動銀河核と呼ぶ。クェーサーであれば強電波クェーサー（radio-loud quasar）であり，また，これと対比させて，電波の弱いクェーサーは弱電波クェーサー（radio-quiet quasar）と呼ぶ。初めて赤方偏移が測定されたクェーサー 3C273 は，もともと電波での掃天観測で発見されたものであり，強電波クェーサーの代表例である。こうした電波活動性の多様性を理解する鍵は，ブラックホールが持つ（数少ない）物理量の一つ，スピンにあるのではないかと考えられているが，これもまだ解明されていない問題の一つである。

9 | 銀河をとりまく環境問題

河野孝太郎

《目標&ポイント》 銀河の分布はさまざまな階層構造を示す。そうした階層構造と、そこに存在する個々の銀河の性質との関わり合い（環境効果）について学ぶ。銀河団における高温プラズマやダークマターの存在、重力レンズ効果、スニヤエフ・ゼルドビッチ効果についても言及する。
《キーワード》 局所銀河群、銀河団、形態密度関係、銀河相互作用

9.1 朱に交われば

　人は環境に支配されやすい。近朱必赤、置かれた環境に染まりやすいものであると古来よりいわれてきた。では、銀河の世界ではどうだろう。銀河も、環境に支配されやすいのだろうか。それとも、どんな環境にあろうと我が道をいくものなのだろうか。本章は、そんなことを考えるところから話を始めてみよう。

　銀河は、（程度の差はあれ）群れ集まる傾向にある。この重要な観測事実は、20世紀初頭、「アンドロメダ星雲」が、実は銀河系の「外」にある銀河の一つであるということが明らかになってから、急速に認識されていくことになる。図9-1は天の川銀河の周辺1Mpc程度の範囲内に存在する銀河の分布を示したものである。銀河系（Milky Way）と、アンドロメダ銀河（M31）は、約700kpc離れているが、その周辺にも、数多くの銀河が存在している様子がわかる。南半球の夜空を見上げると、あたかも雲があるかのように見える大マゼラン銀河と小マゼラン銀河（文字どおり、マゼラン「雲」である）も、銀河系のごく近くに存在するお

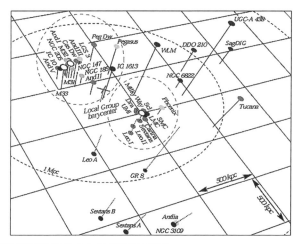

図 9-1　局所銀河群に含まれる銀河の分布
（出所）　理科年表

隣さんである。こうした，銀河系の周辺に存在する銀河の集団は，局所銀河群と呼ばれている。こうした銀河群よりさらに大きな銀河の集団が銀河団であり，また，さらに複数の銀河団が空間的に連なることにより，超銀河団と呼ばれる数十 Mpc 以上にもわたる巨大な構造をなすことは，すでに第 1 章で説明されているとおりである（図 1-8，口絵 2）。

　アンドロメダ銀河の距離が認識されてから後，可視光での観測の急速な進展に伴い，多数の銀河の観測を行って，その距離と性質・諸物理量を調べ，また，その銀河が置かれている「環境」と関連付けた研究が登場した。ここでいう環境とは，ある銀河の置かれている場所が，銀河が群がって密集している場所なのか，あるいは，ほどんど周りにご近所さんのいない，スカスカなところなのか，そういう違いを表している。図 9-2 は，そうした「銀河における環境問題」を研究した先駆けとして知

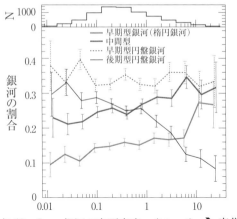

図 9-2　ドレスラーによる形態密度関係
（出所）　Goto et al. 2003, MNRAS, 346, 601

られている。この図によれば，銀河が比較的まばらに分布している領域では，晩期型の銀河，すなわち，円盤銀河（渦状銀河）の割合が高くなっている一方で，銀河が混み合って分布しているような領域では，早期型銀河，すなわち楕円銀河の割合が顕著に上昇していることがわかる。これは形態密度関係（morphology-density relation）と呼ばれ，ドレスラー（A. Dressler）により 1980 年に初めて報告された。銀河における環境の影響（これを環境効果と呼ぶ）の重要性を示す代表例の一つである。円盤銀河は，まだ円盤部分で活発に星生成をしているため，若い大質量星が存在することから，可視光域で見た銀河の色は青い。一方，楕円銀河は，一般的には星生成を終えていて年老いた星から構成されており，赤く見える（8.5 節）。つまり，銀河は銀河同士交わるほどに赤くなるらしい。

9.2 銀河団というけれど

　銀河団とはどんな天体であろう．銀河団というからには，銀河が集まっていることは確かである．一般に，銀河団には，数十個から数千個規模の銀河が含まれている．私たちから最も近い「おとめ座銀河団」では，1000個以上のメンバー銀河が存在すると考えられている．ただし，その質量の担い手は何かと考えると，銀河団というのは看板に偽りありといわざるをえないかもしれない．というのも，銀河団に含まれる銀河（星）の質量に対して，数倍もの質量を持つ高温プラズマ（温度数千万Kから1億K）が存在しているからである．X線観測によりこうした大量のプラズマの存在が明らかになると，なぜ，これほど多量のプラズマが銀河団に閉じ込められているのか，ということが問題となる．見えている銀河（星）の重力だけでは，その数倍という質量の高温プラズマを重力的にとどめておくことは不可能だからである．これはすなわち，別の強い重力源が銀河団に存在していることを意味しており，銀河団スケールにおけるダークマターの存在を示す強い証拠であると理解されるに至っている[61]．

　銀河団における質量の内訳をまとめると，銀河（星と星間物質）が約2％，プラズマが約13％，ダークマターは約85％にも及ぶ[62]．高温のプラズマは，X線だけでなく，遠方から飛来する宇宙背景放射の光子との相互作用により，興味深い観測手段（スニヤエフ・ゼルドビッチ効果，SZ効果）を私たちに与えるが，これについては後述する．また，これらの観測手段で観測された銀河団の例を図9-3に示す．

　ここで，あらためて，銀河団とはどのようなものであるか，その特徴をまとめよう．銀河団は，力学的な平衡状態に達した天体としては宇宙

61　こうしたX線観測で膨大なプラズマの存在が明らかになるはるか以前に，ツヴィッキー（F. Zwicky）は，銀河団に属する銀河の速度分散がきわめて大きく，これらの銀河を重力的に束縛するための見えない質量があることを指摘していた（3.2節（2））．

62　ダークマターは別としてバリオン成分だけで語ったとしても，銀河の集団というよりは，プラズマの塊である（プラズマ団？）．

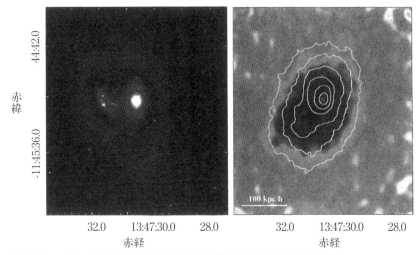

図 9-3　いろいろな手段で観測した銀河団 RXJ1347-1145 の姿
(左) ハッブル宇宙望遠鏡による可視光画像をもとに重力レンズ効果から求めた質量分布。
(右) チャンドラ衛星による X 線の画像 (等高線) と ALMA によるスニヤエフ・ゼルドビッチ効果の画像 (白黒画像)。
(出所) Ueda *et al.* 2018, ApJ, 866, 48

最大のものである。典型的な大きさは，直径約 1－2Mpc 程度であり，なかには 10Mpc に達するものもある。銀河団に含まれる銀河は，3 次元的に乱雑な速度を持つことが知られており，その速度分散は，1000km/s にも及ぶ。これが力学的に平衡状態にあるならば，系の運動エネルギーの 2 倍が重力ポテンシャルエネルギーとつり合うはずである (ビリアル定理)。これを適用することにより，$M\sigma^2 - GM^2/R = 0$ から銀河団の総質量 M を以下のように推定できる。

$$M = \sigma^2 R/G \tag{9-1}$$

ここで σ は速度分散，R は銀河団の大きさ，G は重力定数である。典型

的な値として $\sigma=1000\mathrm{km/s}$, $R=1.5\mathrm{Mpc}$ を代入すると，銀河団の総質量として約 $3\times10^{14}M_\odot$ が得られる．

9.3 銀河団による重力レンズ効果

これほどの（$10^{14}M_\odot$ にも及ぶ）膨大な質量が，ある限られた領域に集中していると，アインシュタインの一般相対性理論が予言するどおり空間が大きく曲げられ，その背後にある天体の光は，あたかもレンズを通して観測しているかのごとくゆがめられる．図 9-4（口絵 14）は，ハッブル宇宙望遠鏡により観測された銀河団方向での重力レンズ効果の一例である．この銀河団は，ハッブル宇宙望遠鏡による重点的な観測が行わ

図 9-4　HST で観測された銀河団 MACS1149.6＋2223
筋状に引き伸ばされた重力レンズによるアーク構造が多数認められる．また，重力レンズで大きく引き伸ばされた銀河（太い矢印で示された 3 か所に，同じ銀河が現れている．これを多重像と呼ぶ）で超新星爆発が起き，細い矢印で示された多重像が 4 か所に現れている．
(出所)　NASA

れたハッブル・フロンティア領域（Hubble Frontier Field）の一つであり，精緻な画像のなかに多数の重力レンズによるアーク構造が見いだされている．こうした重力レンズの効果を再現するように，質量分布のモデルを構築し，銀河団の質量分布を推定することができる．

この銀河団では，さらに興味深いことに，重力レンズで大きく引き伸ばされた銀河のなかで偶然超新星爆発が起こり，その多重像が4か所に出現したことで，大きな話題となった．それは単に珍しいからというだけではない．重力レンズを通して見た場合，多重像の出現する場所によって，光が通ってくる経路は異なる．そのため，同じ超新星爆発から発せられた光でも，実際に超新星が観測される時期は，像の出現する場所に応じて変わりうる．この時間差を質量分布モデルから計算・予測して，観測と比べることにより，推定した質量分布モデルの精度を検証することができるからである．ハッブル・フロンティア領域の銀河団では，世界各国の研究グループがそれぞれ独自の手法によって解析を行い，質量分布モデルを発表している．超新星爆発による「答え合わせ」の結果，大栗真宗（東京大学）らのモデル[63]の正確さが実証された．このほか，この重力レンズ銀河団の背後で，赤方偏移が1.5（約90億年前）という非常に遠方にある単独の星が観測されたり，また別の重力レンズ銀河団では，ALMAを使い，赤方偏移が9.1（約132億年以上前）という極めて遠方の銀河での電離した酸素の検出に成功（口絵20）するなど，「天然の望遠鏡」はさまざまな発見をもたらしてくれる．

重力レンズの解析を通して得たダークマター分布の例は図2-11にも示されている．

9.4　銀河の相互作用

銀河群や銀河団など，銀河が密集した環境下では，どのようなことが

---

[63] GLAFICと呼ばれる重力レンズ解析ソフトウエアを発表しており，広く用いられている．

起きるだろうか。まず考えられるのが，二つあるいはそれ以上の銀河が，重力的に引き寄せ合い，お互いに影響を及ぼし合う，あるいは，最終的に衝突・合体するという過程である。これを銀河相互作用と呼ぶ。

　こうした銀河相互作用，特に衝突・合体は，銀河の性質やその後の進化に非常に大きな影響を与える。例えば，赤外線光度が $10^{12}L_\odot$ を超える超高光度赤外線銀河（8.7節）は，そのほとんどが，乱れた形態を示しており，ガスを豊富に持つ円盤銀河同士の衝突・合体であると考えられている。これを湿った合体（wet merger）と呼ぶ。銀河の衝突合体においては，無衝突系である星に対して，粘性を持つガスは合体の過程で急速に角運動量を失い，コンパクトな（数百pcから1kpc程度の大きさの）回転するガス円盤を形成する。そのガス面密度は $10^3 M_\odot/pc^2$ から $10^4 M_\odot/pc^2$，あるいはそれ以上に及ぶ。シュミット・ケニカット則（図8-9）が示すとおり，こうした高い面密度を示すガス円盤からは高い星生成率面密度が期待される。その結果，合体後は急速にガスを消費し尽くし，楕円銀河に進化していくと考えられている。

　Arp220は，現在の宇宙に存在する超高光度赤外線銀河の代表例である。可視光の画像（図9-5，口絵15，右下のパネル）では，多量の濃い星間物質に覆われてその中心核がよくわからないが，近赤外線の観測では，二つの中心核の存在が確認できる。その距離（天球面上に投影された距離）はわずか500pc程度であり，すでに合体過程が進行し，最終段階にあることを示している。いずれの中心核にも多量の濃密な分子ガスからなる回転円盤が付随しているが，両者は逆回転していることがCO分子輝線の視線速度分布から明らかになっている[64]。Arp220に存在する二つの中心核のうち，Arp220W（図9-6）における赤外線光度の面密度は中心23pc以内での平均値で $3\times10^{15}L_\odot\,kpc^{-2}$ に及ぶ。星生成領域において，赤外線光度の面密度が $10^{13}L_\odot\,kpc^{-2}$ を超えると，（10.3節に登場

---

[64] 逆回転している円盤の衝突は，順回転する円盤同士の衝突と比較して，より激しい星生成を引き起こしうることが，数値計算等からも示されている。

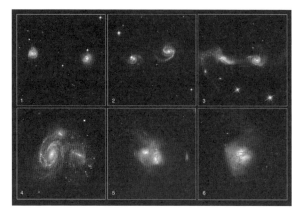

図 9-5　銀河相互作用のさまざまな段階にある銀河の HST による画像[65]
離れた二つの円盤銀河（1）が，徐々に近づくにつれて（2）お互いの重力（潮汐力）により形状が乱され，テイル構造が発達する（3）。衝突が進むと（4），一体化が進み（5），完全に一つの銀河となっていく（6）。
（出所）　ESA

する，活動銀河核からの放射圧と同じように）星生成領域からの放射圧が周囲からの星間物質を吹き飛ばしてしまい（アウトフローと呼ぶ。10.8 節も参照），星生成が持続できなくなることが理論的に予測されている。こうした分子ガスのアウトフローが Arp220 中心領域に存在することも最近の ALMA による観測から明らかとなっている（図 9-6(c)(d)）。Arp220W は，上述の，星生成による放射圧が星間物質を吹き飛ばす理論的な限界をはるかに上回る赤外線光度の面密度を示している。極限的な星生成を起こしているうえに，濃密な星間物質に覆い隠された，成長途上のブラックホールが存在しているのかもしれない[66]。このように，銀河の衝突合体によって，ブラックホールへの質量降着が促され，ブラックホールの成長（活動銀河核の発達）が進むとするモデルもある。
　こうした銀河衝突は，はるか彼方の宇宙における「他人事」だと思っ

65　この図に登場している銀河の名称は相互作用の系列の順に次のとおりである。
　　AM 0702-061 → NGC 6786 → UGC 8335 → NGC 6050 → NGC 5256 → Arp 220

第9章 銀河をとりまく環境問題 | 153

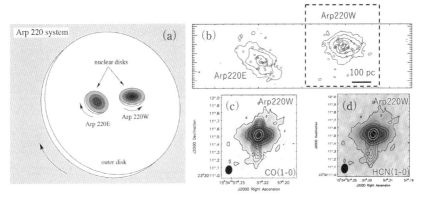

図 9-6　合体銀河 Arp220 の中心領域
(a)観測から得られた模式図。二つの中心核（Arp220E および Arp220W）には違いに逆回転するガス円盤が付随している。(b)それぞれの円盤のダスト分布。小さい丸の一つひとつは VLBI で観測された超新星残骸の位置を示している。破線の四角は，(c)および(d)で示す領域に対応する。(c) Arp220W で CO 輝線により観測された分子アウトフロー。(d) Arp220W で HCN 輝線により観測された分子アウトフロー。数密度が $10^4 \mathrm{cm}^{-3}$ を超えるような高密度分子ガスも，中心核から吹き飛ばされていることがわかる。
(出所)　(a) Sakamoto et al. 1999, ApJ, 514, 68
　　　　(b) Sakamoto et al. 2017, ApJ, 849, 14
　　　　(c)(d) Bacos-Nuños et al. 2018, ApJ, 853, L28

てはいけない。図 9-1 に示されているとおり，銀河系とアンドロメダ銀河は，わずか 700kpc ほどしか離れておらず，しかもお互いに 100km/s 以上という猛烈な速さで近づいている。今から数 10 億年後には，二つのガスに富む銀河は衝突・合体を開始するであろう。現在，私たちが見上

66　Arp220 に活動銀河核が存在しているかどうかを調べるのはきわめて難しい。なぜなら，可視光や近赤外線はもちろん，エネルギーの高い硬X線ですら，濃密な星間物質に阻まれて，（仮に活動銀河核が存在し，そこから強いX線放射が出ているとしても）観測できない状況になっているからである。ALMA で測定された星間物質の量は，10^{26} H_2 cm^{-2} を超えており，可視光での減光量に換算すると，10 万等以上である。私たちの馴染みやすい（?）単位に換算してみると，約 900g cm^{-2} になる。カリフォルニア工科大学のニック・スコビル（N. Scoville）教授は，これを「3－4 m の厚さのコンクリート壁のようだ」と表現している。

げる夜空には，色とりどりの若い星や黒い影（星間物質のかたまりである分子雲）を多数伴った，美しい天の川が横たわっているが，湿った銀河合体の理論予測によれば，50-70億年後，私たちは巨大な楕円銀河のなかにある。見上げる夜空は（もし地球が生き残っているとすれば，であるが）年老いた黄色っぽい星ばかりが広がる，やや味気ないものになっているであろう（図9-7，口絵16）。

こうした湿った銀河合体のほか，ガスをほとんど持たない，楕円銀河同士の衝突合体もある。これを乾いた銀河合体（dry merger）と呼ぶ。近年，赤方偏移が2から3という時代に，空間的にコンパクトで，色が赤い，すなわち，すでに星生成を止めた質量の大きい銀河の存在が相次いで報告されるようになっている。こうした銀河は，現在の宇宙におけ

図 9-7　銀河系とアンドロメダ銀河の衝突・合体（理論予測）
（出所）　NASA/ESA/Z. Levay and R. van der Marel (STScI), T. Hallas, and A. Mellinger, STScI-PRC12-20b

る巨大な楕円銀河と似ているが，大きさや質量はまだ足りない。より高い赤方偏移での湿った銀河合体により生成された，これらの赤くコンパクトな楕円銀河は，さらに乾いた銀河合体を経て，角運動量を失いながら，現在の宇宙に存在するような巨大楕円銀河へと進化するのかもしれない。楕円銀河のなかには，複数の球殻状（シェル状）に微かな星の分布を示すものがあり，過去に合体を繰り返した痕跡ではないかと考えられている。ただし，宇宙の初期（赤方偏移が4以上）の時代に，一度の爆発的な星生成で一気に大量の星を作り，その後は受動的な色進化で説明できるような楕円銀河が生成されるとするシナリオもある。どちらのシナリオにも，都合のよい観測事実と不都合な観測事実が存在し，いずれが正しいか，決着はいまだについていない。楕円銀河の生成メカニズムは，複数存在することを意味しているのかもしれない。

9.5 ガスの剥ぎ取り

銀河団における多量のプラズマの存在は，もう一つ重要な「環境効果」をもたらす。それは銀河団のメンバー銀河におけるガスの剥ぎ取りである。銀河団のなかを，密度 ρ_{ICM} のガスが満たしているとしよう。そのガスのなかを，銀河が速度 v_{gal} で運動すると，銀河は，次の式で表されるような動圧（ラム圧）p_{ram} をガスから受けることになる。

$$p_{ram} \propto \rho_{ICM} \cdot v_{gal}^2 \tag{9-2}$$

おとめ座銀河団のメンバー銀河における希薄な水素原子ガスの分布を観測すると，その分布が，可視光の分布と同程度かむしろ小さく，また，時に星の分布に対して非対称であることがわかる。その例を図9-8に示す。この図において，おとめ座銀河団の中心は左下方向であり，この銀河は銀河団中心に向かって落下しているため，銀河の外縁部に分布する希薄な水素原子ガスが動圧を強く受けて剥ぎ取られようとしている現場

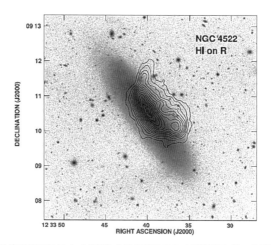

図 9-8　おとめ座銀河団の中を運動する銀河での水素原子ガスの剥ぎ取りの現場
等高線は H I 輝線の分布を，背景の画像は可視光で見た星の分布を表している．
(出所)　Kenney *et al.*, 2004, AJ, 127, 3361

と考えられる．比較のため，一般領域（フィールドと呼ぶ）に存在する銀河での，星と水素原子ガスの分布を図 9-9 に示す．水素原子ガスは，星の分布と比較して数倍以上大きな半径まで分布していることがわかる．また，そうした銀河の外側に分布している水素原子ガスの観測から，（一見，相互作用をしているかどうかわからない銀河同士でも）相互作用の有無がわかる．

　高密度環境下における銀河相互作用およびガスの剥ぎ取りの効果は，より赤方偏移の高い高密度環境（原始銀河団）においても実際に観測されており，そこでの銀河の進化に大きな影響を与えているらしい（例えば Hayashi, M., *et al.*, 2017, ApJ, 841, L21）．

　一方で，現在の宇宙において，高密度環境に存在する星生成銀河の星質量と星生成率を比較し，星生成銀河の主系列（8.7 節）を一般の領域

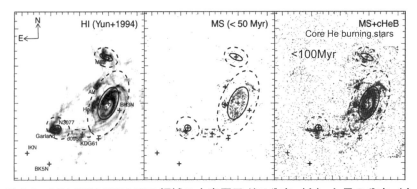

図 9-9　M81/M82/NGC3077 領域の水素原子ガス分布（左）と星の分布（中および右）
（出所）　Okamoto, S., et al. 2015, ApJ, 809, L1

と比較すると，驚くべきことに全く差が見られないことも明らかになっている（例えば Peng, Y., et al., 2010, ApJ, 721, 193）。銀河の「環境問題」はかくも複雑であり，まだまだ多くの謎を投げかけている。

9.6　スニヤエフ・ゼルドビッチ効果

　銀河団における多量のプラズマの存在は，興味深い効果をもたらすことが 1970 年代に指摘されていた。それがスニヤエフ・ゼルドビッチ効果（SZ 効果）である。背後から一様に到来する宇宙マイクロ波背景放射の光子が銀河団に突入すると，銀河団中の高温プラズマとの相互作用（逆コンプトン過程）により，エネルギーを受け取る。これにより，宇宙マイクロ波背景放射のスペクトルが，銀河団方向でわずかに高温側にゆがむため，周囲の宇宙マイクロ波背景放射に対して，差が生じる。この効果はミリ波・サブミリ波帯に現れ，周波数約 217GHz を境界として，それより低い周波数では周囲より暗く，また高い周波数では明るく観測されることになる。実際の銀河団において，いろいろな周波数で観測され

たSZ効果の例を図9-10（口絵17）に示す。

SZ効果がこのように観測されるのはよいとして，それがどのようなご利益をもたらすのであろう。SZ効果で得られる観測量は，

$$\Delta I_{\mathrm{SZ}} \propto \int n_{\mathrm{e}} T_{\mathrm{e}} \mathrm{d}l \tag{9-3}$$

のように表すことができる。ここで ΔI_{sz} は観測されるSZ効果の強さ，n_{e} はプラズマの電子密度，T_{e} は温度である。これに対して，X線観測で得られる観測量 S_{X} は，

$$S_{\mathrm{X}} \propto \int n_{\mathrm{e}}^{2} T_{\mathrm{e}}^{0.5} \mathrm{d}l \tag{9-4}$$

である。したがって，SZ効果は，X線観測と比較してプラズマの温度に敏感ということになる。銀河団は，力学的に平衡状態にある天体であると冒頭で述べたが，なかには，銀河団同士の激しい衝突合体を経て，なお力学的に緩和していないものも含まれている。SZ観測とX線観測とを比較することにより，X線の撮像観測だけでは見いだしにくい，プラズマの特に高温な（数十keV以上）領域を炙り出し，銀河団のダイナミッ

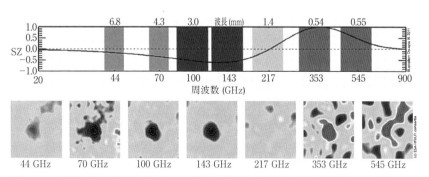

図9-10 理論的に計算されるSZ効果の強さ（上段；負は周囲より暗く，正は周囲より明るく観測されることを意味する），およびプランク衛星により実際にいろいろな周波数で観測された銀河団Abell 2319におけるSZ効果の例（下段）

（出所）Douspis, 2011

クな進化過程を明らかにすることができるのである。

　SZ 効果には，遠方の銀河団であっても，その強度が弱くならない，という興味深い特徴もある。このカラクリを見てみよう。SZ 効果の入力となる宇宙マイクロ波背景放射の光子は，赤方偏移 z が大きくなるにつれて，そのエネルギー密度が $(1+z)^3$ に比例して大きくなる。さらに，z とともに波長が $(1+z)$ だけ短くなることと合わせて，SZ 効果の強さは $(1+z)^4$ の依存性を持つ。天体の表面輝度は，遠くなるほど $1/(1+z)^4$ という非常に強い赤方偏移依存性を持って急速に暗くなることが知られている（cosmic diming）が，観測される SZ 効果の強度は，cosmic diming を打ち消すほど遠方で強くなるため結果として赤方偏移によらないことがわかる。この効果を利用して，前述のプランク衛星のほか，南極点望遠鏡（SPT）やアタカマ宇宙論望遠鏡（ACT）などを使ったミリ波帯での広域掃天観測により，数百個以上の新たな銀河団が発見されている。南極点望遠鏡ではさらに検出器の改良が進められており，今後 1 万個規模の銀河団を新たに発見できると期待されている。

　宇宙のある空間（単位体積あたり）に，ある質量の範囲にある銀河団が何個存在するか，という情報を，銀河団の存在量（アバンダンス）と呼ぶ。すでに述べたとおり，銀河団は重力的に束縛されたシステムとして宇宙で最も巨大な構造といえる。そうした巨大な構造を，ビッグバンの直後に存在した，きわめて微小なゆらぎから出発して，138 億年という，（非常に長いけれども）ある限られた時間内に作るためには，初期宇宙における密度ゆらぎが持つべき性質・満たすべき条件というものを考えることができるはずである。つまり，銀河団の存在量を精密に調べることにより，密度ゆらぎに関する宇宙論パラメータ（σ_8，半径 $8h^{-1}$Mpc のスケールで測定した密度ゆらぎ）について制限をつけることができる。SZ 効果の観測から実際に測定された銀河団の存在量を，宇宙論パラメー

タから予測される存在量と比較したところ，観測された銀河団の数が少ないという結果が報告され，宇宙マイクロ波背景放射（SZ 効果）の測定と，大規模構造の測定とで，何らかの食い違い（テンションという）があるのではないか，と話題となっている（例えば Aylor *et al.*, 2017, ApJ, 850, 101 など）。その一つの原因として，SZ 効果で求められる銀河団の質量が，何らかの原因で「真の質量」と系統的に異なっている可能性が指摘されている。すばる望遠鏡の超広視野カメラ HSC を使った広い領域での重力レンズ解析と，SZ 効果により得られた銀河団の質量解析の結果とを比較し，直接的には見えないダークマターの質量を，より精密に推定するための努力が，現在まさに続けられているところである。

10 | 銀河中心核と超大質量ブラックホール

河野孝太郎

《目標＆ポイント》 銀河に存在する超大質量ブラックホールと，その周辺で観測される多様な高エネルギー現象のメカニズムを学ぶ。超大質量ブラックホールの形成過程の謎について，最新のクェーサー探査の成果や，重力波によるブラックホール合体の検出の意義も含めて解説する。
《キーワード》 ブラックホールの種類，質量降着率，エディントン限界光度，銀河とブラックホールの共進化，フィードバック，ブラックホールの生成シナリオ

10.1 宇宙に存在するブラックホール

　宇宙にはブラックホールと呼ばれる謎めいた天体が存在していることはすでに第1章で述べられているとおりである。一口にブラックホールといっても，いろいろな多様性が存在している。まずはその質量の違いから整理してみよう（1.2節も参照）。

　質量の重い恒星（太陽質量の20倍以上を持つような恒星）が進化し，その最終段階に超新星爆発を起こした後に残されるブラックホール（6.3節）については，太陽質量のおおむね3倍より大きく，しかし20倍を超えることはないということが，理論的にも，また，観測的にも知られている（図10-1）。こうしたブラックホールを恒星質量ブラックホールと呼ぶ。質量の大きい恒星と連星系をなしていたために発見された，太陽質量の約10倍の質量を持つブラックホール「はくちょう座X-1」は，その代表例である。

一方，宇宙には，これよりはるかに大きな質量を持つブラックホールが存在することも知られている。例えば，私たちの銀河系の中心では，Sgr A*と名付けられた強力な電波源が発見されているが，ここには太陽質量の400万倍という重さのブラックホールが存在している。また，別の銀河に目を向ければ，例えば乙女座銀河団の中心に鎮座している巨大な楕円銀河，M87（図2-7，口絵13参照）の中心には，太陽質量の3億倍とも6億倍ともいわれるきわめて質量の大きいブラックホールが存在しているらしい。こうした，（恒星質量ブラックホールと比較して）桁違いに質量の大きなブラックホールを，超大質量ブラックホールと呼ぶ。
　近年の観測技術の進展により，こうしたブラックホールの探査は初期

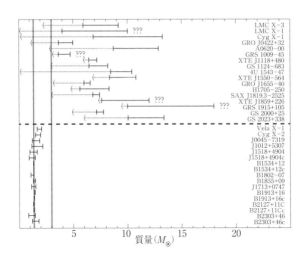

図10-1　天の川銀河や大マゼラン銀河で発見された中性子星とブラックホールの質量
中性子星（下段）の質量は，その理論的な限界である太陽質量の3倍よりも小さい。一方，恒星質量ブラックホール（上段）は，太陽質量の20倍未満である。
（出所）　Orosz, J.A. 2003, IAU Symp. No. 212, p. 365

宇宙にも及んでいる。2011 年には，赤方偏移が 7.08（宇宙年齢は 7.5 億年）の時代に約 $2 \times 10^9 M_\odot$ の，また 2015 年には赤方偏移が 6.3 の時代に $10^{10} M_\odot$ を超える超大質量ブラックホールが発見され，それぞれ大いに話題となった。現在知られている最遠方の超大質量ブラックホールは，2017 年の暮れに発表されたもので，赤方偏移が 7.54（宇宙年齢は 6.9 億年）に存在し，その質量は $8 \times 10^8 M_\odot$ である。これほど大きな質量を持つブラックホールが，宇宙開闢からわずか数億年という時代（人間の感覚からすれば，数億年という時間はもちろん途轍もなく長いが，約 138 億年といわれる宇宙の歴史から見れば，ほんのわずかな時間しか経過していない時代といえる）に存在しているのは，一体なぜなのだろう。

話題となったブラックホールといえば，2015 年に初めて検出された重

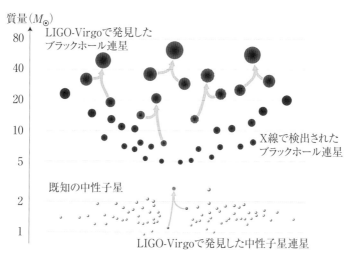

図 10-2　重力波により検出された中性子星やブラックホールの質量と，X 線観測等で以前から知られている恒星質量ブラックホールとの比較
縦軸は質量を表している。
（出所）　LIGO/Virgo/Northwestern/Frank Elavsky

力波源 GW150914 が，二つのブラックホールからなる連星（ブラックホール連星）であったことも，いろいろな意味において実に衝撃的であった。衝撃的と表現する理由の一つが，検出されたブラックホールの質量である。ブラックホール連星の一つは $34^{+5}_{-4} M_\odot$，もう一つは $29 \pm 4 M_\odot$ と推定された（図10-2）。しかし，これは何やらおかしい。というのも，図10-1に示されているように，私たちがこれまでに知っているはずの恒星質量ブラックホールは，$20 M_\odot$ より小さいものばかりなのである。一体，これは何を意味しているのであろうか。

こうした，質量一つとってみても，次々と謎を私たちに投げかけるブラックホールの世界に踏み込んでみよう。

10.2　ブラックホールの明るさと質量降着率

そもそも，光さえも飲み込むブラックホールが，なぜ，光り輝く活動銀河核（8.9節）として観測されるのであろう。それは，ブラックホールのごく近くにおいて，エネルギーを解放する物質があるからである。すなわち，ブラックホールに向かって物質が落下すると，その物質がもともと持っていた位置エネルギーが，降着円盤と呼ばれる粘性を持った回転円盤によって，まず熱エネルギーに変換され，さらに放射へと変換され，観測されるに至るのである。高いところにあった重いものを低いところに下ろせば，その分だけ「仕事」が発生するというのは古典力学の教えるところであるが，一般相対論的な効果の申し子であるブラックホールでも，その基本は一緒である。

こうした物質の落下を，質量降着と呼ぶ。単位時間あたりに落下する物質の質量を質量降着率と呼び，単位は $M_\odot/\mathrm{yr}$ が用いられる。この質量降着率と，その結果として放射されるエネルギーの関係は，質量とエネルギーの関係を記述するアインシュタインの式から理解することがで

きる。すなわち，降着する物質の質量を M，そこから取り出すことが可能なエネルギー E との間には，次のような関係がある。

$$E = \eta M c^2 \tag{10-1}$$

ここで，質量からエネルギーに変換する際，100％ではなくて，ある効率でエネルギーが取り出されることを表現するため，効率 η を導入している。この関係式の時間微分を考えると，単位時間あたりに取り出されるエネルギー，すなわち光度 L は，質量降着率 dM/dt に比例するという関係式が得られる。

$$\frac{dE}{dt} = L = \frac{\eta dM}{dt} c^2 \tag{10-2}$$

この式から，実際に観測される活動銀河の光度を説明するために必要な質量降着率は，ブラックホール近傍で物質からエネルギーを取り出す効率が 10% であると仮定すると，次のように見積もられる。

$$\frac{dM}{dt} = \frac{L}{\eta c^2} = 2 \left(\frac{\eta}{0.1}\right)^{-1} \left(\frac{L}{3 \times 10^{12} L_\odot}\right) \frac{M_\odot}{yr} \tag{10-3}$$

すなわち，例えばクェーサーと呼ばれる，$10^{12} L_\odot$ を超えるようなきわめて高い光度を説明するためには，太陽まるごと 1 個以上の質量をブラックホールに毎年供給してやらねばならない。

10.3　エディントン限界光度

このように，多量の物質をブラックホールに供給すれば，質量降着率に応じてブラックホールは輝くことができる。しかし，かといって，例えば恒星質量ブラックホールに毎年太陽 2 個分の質量を供給してクェーサー並みに輝かせることができるかといえば，それは不可能である。なぜであろう。ブラックホールに物質を落下させ，その結果，ブラックホールが輝くとき，物質には，二つの力が働く。一つは，ブラックホールに

図 10-3　ソーラーセイル実験
風を受けて走る帆船のように，太陽からの光の放射圧を受けて宇宙空間を航行するイカロスの想像図。
（出所）　JAXA

引き寄せられる重力であり，もう一つは，ブラックホール周辺からの放射に伴う放射圧である。光も圧力を持つのである（図 10-3）。

このことから，ブラックホールへの質量降着率を上げていくと，それに応じてブラックホールからの放射も強くなり，放射圧，すなわち，ブラックホールに落下していく物質を押しとどめ，ブラックホールから遠ざけようとする方向の力が増していくことがわかる（図 10-4）。そして，ある質量降着率では，ついに，ブラックホールの重力と，放射圧とが釣り合ってしまう限界が存在することになる。この限界を超えると，放射圧が勝るため，物質はそれ以上ブラックホールに向かって落下することができなくなり，質量降着が止まってしまう。これが，エディントン限界光度 L_{Edd} である。もともとは恒星に対して定義された理論的限界であるが，同じ物理的考察に基づき，質量降着で輝くブラックホールに対しても定義することができるのである。

この限界光度は，（水素プラズマが球対称に降着する場合）万有引力定数 G，光速 c，ブラックホールの質量 M_{BH}，電子のトムソン散乱断面積 σ_T，水素原子質量 m_H，を用いて次のように表される。

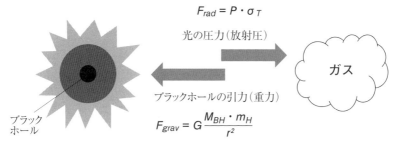

図 10-4　重力と放射圧のせめぎ合い

$$L_{\mathrm{Edd}} = 4\pi G \cdot c \cdot M_{\mathrm{BH}} \cdot \frac{m_{\mathrm{H}}}{\sigma_T} = 3.3 \times 10^{12}\left(\frac{M_{\mathrm{BH}}}{10^8 M_\odot}\right) L_\odot \quad (10\text{-}4)$$

この考察から，クェーサー級の活動銀河核には，太陽質量の1億倍程度の，超大質量ブラックホールの存在が要請されることがわかる。

10.4　ブラックホールの大きさ

ところで，ブラックホールの種類として「巨大ブラックホール」「超巨大ブラックホール」というような表現も時に見かける。これは，なんだかブラックホールの大きさがとても大きい，というようなニュアンスが感じられるが，実際のところ，ブラックホールは，どれほどの大きさを持つのであろう。その指標の一つが，シュバルツシルト半径 R_S である。

$$R_\mathrm{S} = \frac{2GM_{\mathrm{BH}}}{c^2} = 3.8 \times 10^{-7}\left(\frac{M_{\mathrm{BH}}}{4 \times 10^6 M_\odot}\right) \mathrm{pc} \quad (10\text{-}5)$$

この式を使って，天の川銀河の中心に存在するSgr A*ブラックホールの「大きさ」を見積もってみると，わずか 4×10^{-7} pcしかないことがわかる。天の川銀河の大きさは，さしわたし約30kpcにも及ぶことから，銀河全体のスケールと比べれば，いかに砂粒のようであるかがわかるであろう。これを銀河中心から約8kpc離れた太陽系から観測すると，そ

の見かけの大きさは 10^{-5} 秒角しかない。これは，ハッブル宇宙望遠鏡の典型的な角度分解能（約 0.1 秒角）と比較して 1 万倍，ALMA の最高角度分解能（約 0.01 秒角）と比較しても 1000 倍小さい。これほど小さい見かけの大きさではあるが，大陸間をまたぐほど離れた距離にある複数のミリ波サブミリ波望遠鏡を組み合わせた超長基線干渉計（VLBI）で観測することにより，ブラックホールの大きさを直接観測しようという試みが進んでいる。もちろん，ブラックホールそのものは光を出さないが，その周囲に存在するであろう降着円盤が輝いており，その輝きのなかに，光を隠す黒い影が見えるはずである。これをブラックホール・シャドウと呼ぶ。一般相対論を考慮したブラックホール・シャドウの予測もなされており，図 10-5 はその一例である。ALMA を含めた超長基線干渉計（図 10-6）により，これを捉えようという壮大な実験が，いま（2018 年 9 月現在）まさに進行中である。

図 10-5　ブラックホール・シャドウの理論予測例
明るく輝く降着円盤からの放射のなかで，ブラックホールが影として浮かび上がる。一般相対論を考慮したゆがみが期待される。
（出所）　高橋労太「銀河中心の巨大ブラックホールの影」（天文月報第 99 巻第 1 号，p. 26-33

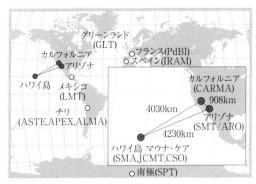

図 10-6　イベント・ホライゾン望遠鏡に参加している電波望遠鏡
南米に存在するアルマ，北半球に存在する望遠鏡や南極に設置された南極点望遠鏡（SPT）などを組み合わせて，ミリ波サブミリ波帯での超長基線干渉計を構成して天の川銀河などに存在する超大質量ブラックホールのシャドウを観測する。日本は主に ALMA を用いて参加している。
（出所）　NAOJ

10.5　ブラックホールの体重測定

　こうしたブラックホールの質量は，ブラックホール周辺で重力的に束縛されたガス（電離ガスや分子ガス）や星の運動を観測することにより求められる。紫外線域の Lyα や，可視光での Hα などのほか，高赤方偏移クェーサーでは，Mg II の輝線の速度幅がよく用いられる。いくつかの活動銀河核では，水蒸気分子からの強い放射（メーザー放射[67]）が検出され，超長基線干渉計を使った詳しい電波観測から，ケプラー回転する分子ガス円盤の検出と，その中心に存在する質量の精密測定が行われている。図 10-7 に，そのさきがけとなった NGC 4258 での観測例を示す。また，星の運動を測定することによりブラックホール質量が精密に測定された例として，銀河系中心に存在する Sgr A* ブラックホールの測定を示す（図 10-8）。近年では，ALMA の高い解像度を活かし，CO

---

[67] Microwave Amplification of Stimulated Emission of Radiation の頭文字を取って MASER と呼ぶ。この可視光版が LASER である。

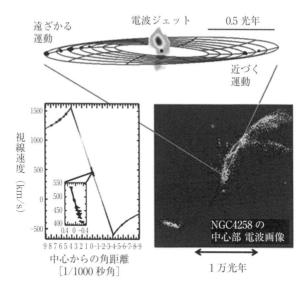

図10-7　NGC4258の水蒸気メーザー観測で発見されたブラックホールをとりまくケプラー円盤
（出所）Miyoshi et al. 1995, Nature, 373, 127

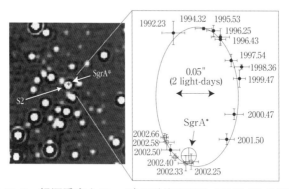

図10-8　銀河系中心 Sgr A* の近傍を運動する星 S2 の軌道
（出所）ESO

等の分子ガス輝線によりブラックホールの質量を測定することが可能になりつつある[68]。これはメーザーと異なり熱的な輝線であるため，多数の天体に適用可能である。

10.6 中間質量ブラックホール

ここまで登場してきた恒星質量ブラックホールと，超大質量ブラックホールとの間に位置するような，中程度の質量を持つブラックホールは中間質量ブラックホールと呼ばれているが（1.2節），これが現在の宇宙に存在するのかどうかが，実は大変熱い議論となっている。

中間質量ブラックホールの有力な候補天体は，近傍銀河のX線観測から発見された。一般に，質量降着を伴い明るく輝く超大質量ブラックホールは，いろいろな銀河の中心核付近に存在するため，活動銀河中心核と呼ばれているわけであるが，X線で近傍銀河の広域観測を行うと，銀河の中心から離れた円盤部分にも多くのX線源を見いだすことができる。その多くは比較的暗いものであり，X線連星と呼ばれる恒星起源の天体（LMXB/HMXB等）であることがわかっている。しかし，なかには，非常にまれではあるが，興味深い光度を示す天体が含まれていることがある。例えば，メシエ82の，中心から外れた場所に発見された強力なX線天体 M82-X2 や，メシエ83の円盤部（しかも円盤の外側）に検出されたX線天体などである。これらのX線光度は $10^6-10^7 L_\odot$ に達しうる。この光度がなぜ興味深いかというと，恒星質量ブラックホールのエディントン限界光度より顕著に明るいからである（[10-4] 式を使って確認されたし）。この考え方に基づけば，こうした天体は，恒星質量ブラックホールではなく，太陽質量の100倍−1000倍ほどの質量を持つようなブラックホール，まさに中間質量ブラックホールに質量降着が起きていると考えられることになる。このように，恒星質量ブラックホールをエディ

---

68 例えば Barth *et al.* 2016, ApJ, 822, L28 など。

ントン限界まで輝かせたとしても到達しえないような光度を持つX線天体を，超高光度X線天体（Ultra-luminous X-ray sources，ULX）と呼ぶ．

　こうしたULXの発見により，中間質量ブラックホールは確かに存在しているのであると考えられつつあったが，しかし，その後のさらなる研究の進展に伴い，話は少々ややこしいことになってきている．例えば，M82-X2については，その後，チャンドラ衛星およびスウィフト衛星の高い時間解像度の観測の結果，1.37秒という高速の周期で点滅していることが判明した[69]．こうした周期的かつ高速での明滅は，いわゆるパルサーでしか説明できない．なぜパルサー，すなわち歳差運動をしながら高速回転をする中性子星が，これほどまでに明るく輝くことができるのか，については，まだよくわかっていないが，ULXを単純に中間質量ブラックホールと解釈することはできない例が出てきたということになる．

　実は，こうした発見とも相まって，ブラックホールへの質量降着理論の研究により，従来考えられてきている理論的な限界（エディントン限界）を超えた，より激しい質量降着が，実は可能かもしれない，という考えも活発に検討されるようになってきた．こうした"過激な"質量降着を超エディントン降着あるいは超臨界降着などと呼ぶ．これが可能なのであれば，ULXも，恒星質量ブラックホールへの質量降着で説明ができてしまうかもしれない．そこにはどんなトリックがあるのだろう．

　実は，エディントン限界を考える際，質量降着は，四方八方から一様等方に，球対称に起こると考えている．もし，この質量降着が，非等方的に起こるとしたらどうであろうか？　例えば，質量降着がある面内のみで起きており，そこでは，何らかの理由で放射がブロックされており，放射は，質量降着が起きている面とは垂直な方向に放射されているとすれば，放射圧の影響を避けつつ，物質はブラックホールへ落下することができる．ブラックホールへの実際の質量降着が，どのような幾何学的

---

[69] Bachetti *et al.* 2014, Nature, 514, 202

構造を持って実現しているかについては，まだよくわかっていないが，物質が角運動量を持って降ってくる限り，球対称降着からずれてくるのはむしろ必然かもしれない。こうした超臨界降着を考慮することの重要性も，ULXの研究に加え，いろいろな場面で高まってきているのである（この話題は，本章の最後で再び取り上げることになるであろう）。

このようにして，あって然るべきと考えられる中間質量ブラックホールの存在は，なかなか決着がついていないという状況であるが，近年，ALMAを使った高い解像度でのガスの観測により，銀河系の中心領域には，太陽質量の10^4倍や10^5倍の質量を持つブラックホール，まさに中間質量ブラックホールが存在しているという報告が相次いでなされている[70]。今後，ALMAの観測により，こうした例がさらに増えてくれば，現在の宇宙における中間質量ブラックホールの存在がより確実に示されるだろう。

10.7　銀河とブラックホールの共進化

こうしてブラックホールの質量が測定されるようになり，一口に超大質量ブラックホールといっても，その質量分布には数桁にわたる幅があることが明らかになると，では，そのブラックホール質量の多様性を決めるものは何か？という疑問がわいてくる。そこで，ブラックホール質量を，そのブラックホールが存在している銀河の質量（正確には，銀河のなかでも，バルジと呼ばれる，楕円状の分布をした年老いた星の成分についての質量）と比較したところ，驚くべきことが明らかになった。いくつかの例外はあるものの，ブラックホールの質量は，そのブラックホールを宿している銀河のバルジ質量[71]と，おおむね相関していたのである（図10-9）。つまり，銀河のバルジと，その中心に存在するブラックホールは，お互いの体重を「知っている」ことになる。10.4節で述べ

70　例えば Tsuboi *et al.*, 2017, ApJ, 850, L5 を参照。
71　円盤銀河の場合はバルジ質量（ただし古典的バルジ。第8章参照）であるが，楕円銀河の場合は，銀河本体の質量である。

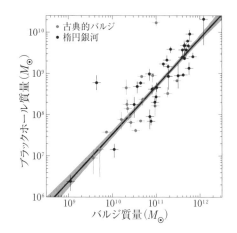

図 10-9　銀河のバルジの質量と，巨大ブラックホールの質量との相関関係
（出所）　Kormendy & Ho, 2013, ARA&A, 51, 511

たとおり，ブラックホールが銀河の大きさと比較して 10 桁以上小さいことを思い起こすと，これはきわめて驚くべきことといわざるをえない。こうした銀河とブラックホールの驚くべきスケーリング則の存在は，銀河の成長と，ブラックホールの成長とが，何らかの関係をもって，ともに進むことを暗示する。これを銀河とブラックホールの共進化と呼ぶ。

10.8　活動銀河核からのフィードバック

　こうした共進化を可能ならしめるためには，お互いの成長過程において，何らかの影響を及ぼし合う物理的な機構が存在していると考えられる。そうしたメカニズムは未解明であるが，現在，最も有力であると考えられているのが，成長するブラックホール（活動的なブラックホール）が放出するエネルギーにより，ブラックホールを宿している銀河の成長（星生成活動）が阻害され，銀河がブラックホールに対して成長しすぎないように「調節」されているという仮説である。これを活動銀河核から

のフィードバック，特に，星生成にブレーキをかけるという観点から，負のフィードバックと呼んでいる。

このように，銀河の成長を制御して，成長しすぎないようにする物理的機構の存在は，別の考察からも強く要請される。図10-10を見てみよう。これは，横軸に質量，縦軸に，ある質量の天体がどれほど存在するかを示しており，質量関数あるいは質量スペクトルと呼ばれる。現在の宇宙に存在する銀河の星質量の質量関数は，ある質量より大きいところで鋭いカットオフが存在する。一方，理論計算により示されるダークマターの質量分布は，そのような特徴的な質量でのカットオフを示さない。これは，銀河の星質量が増えすぎないよう，星生成を制御する物理的なメカニズムが存在していることを暗示する。質量が軽い側に存在する，ダークマター分布と星質量分布との食い違いは，超新星爆発による星生成のブレーキ，つまり星生成活動自身による負のフィードバックだと考

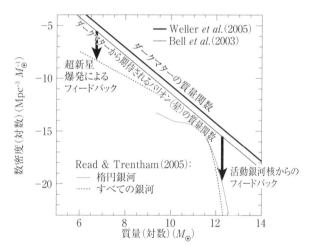

図10-10　銀河の星質量の質量関数とダークマターの質量関数との比較
（出所）　Kormendy & Ho, 2013, ARA&A, 51, 511

えられている。一方，質量が重い側では，星生成起源のフィードバックだけでは説明できず，活動的なブラックホールからの負のフィードバックが理論的にも要請されているのである。

　実際に，活動銀河からの影響が，銀河スケールでのガスに及んでいるという例は，いろいろ報告されるようになってきた。その一例が図 10-11（口絵 18）である。ペルセウス銀河団の中心に存在する巨大楕円銀河 NGC 1275 と，その中心に存在する電波源 3C84 の周囲には，X 線で輝く高温のプラズマが広がっているが，そのプラズマには 3C84 からの強力な電波ジェットの広がりとよく合致する空洞が存在している。これは，活動銀河核の出すジェットが銀河スケールでの星間物質に影響を与えている証拠と考えられている。ただし，ひとみ衛星による高いエネルギー分解能での X 線分光観測を，このペルセウス銀河団の中心方向で行ったところ，活動銀河からのエネルギー注入の影響はあまり大きくないことが示唆されており[72]，定量的な理解にはほど遠いといわざるをえない状

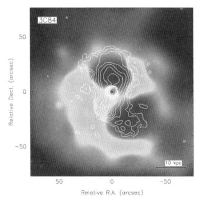

図 10-11　ペルセウス銀河団のプラズマにみられるフィードバックの痕跡
擬似カラー画像はX線で観測されるプラズマの分布，等高線は波長 20cm の電波強度分布を示している。
（出所）　Fabian et al., 2000, MNRAS, 318, L65

---

[72] The Hitomi collaboration, 2016, Nature, 535, 117

況である。

　近年，赤外線衛星 Herschel による OH 分子の分光観測や，欧州が運用するミリ波干渉計 NOEMA，そして ALMA を使った CO 分子の観測により，星形成の直接的な材料である低温の分子ガスが，活動銀河核の影響により銀河の外へ放出される，分子アウトフローと呼ばれる現象が相次いで検出されるようになった[73]。図 10-12 で示されるように，活動銀河核の強さと放出されるアウトフローの物理量（質量放出率や運動量など）とに相関が見られることから，活動銀河核の強さに応じて母銀河での星形成を止める機構の強さが調節されていると考えられる。また，

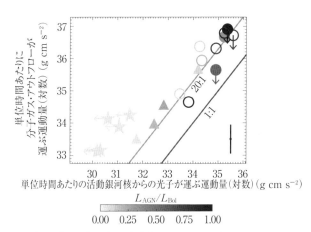

図 10-12　活動銀河核の強さと，観測された分子ガス・アウトフローの運動量の比較
三角や丸印は活動的なブラックホールを持つ銀河での測定点，星型は星生成のみを行っている銀河での測定点を示す。活動銀河核の強さ（活動銀河核から放射される光子が担う運動量）と，分子ガスのアウトフローの運動量との比はおおむね 20：1 になっており，これは，活動銀河核のフィードバック理論が予測する比率と整合している。
（出所）　Cicone *et al.* 2014, A&A, 562, A21

---

[73] 例えば Mrk231。Fischer *et al.* 2010, A&A, 518, L41; Cicone *et al.* 2012, A&A, 543, 99 など。

いくつかの活動銀河核では，X線で観測されるプラズマの超高速アウトフロー（Ultra Fast Outflow, UFO）と分子アウトフローの両方が検出され，両者がエネルギー的に関連している（降着円盤からのUFOが，より外側の低温分子ガスにエネルギーを伝えて，分子アウトフローを駆動する）ことも示唆されている[74]。ただし，その観測例は，まだまだごくわずかである。今後，さらに観測サンプルを劇的に拡大し，統計的にその性質を調べていくことが必要であろう。

10.9　ブラックホールの作り方

　最後に，こうしたブラックホールがどのように作られるのか，その生成シナリオをまとめてみよう。冒頭の10.1節で述べたとおり，太陽質量の約3倍から20倍以下のブラックホールは，大質量星の進化の最終段階で作られる（6.3節）。ただし，これは重元素量が太陽組成程度の星の場合の話である。重元素が存在しない環境で生まれた星（種族IIIと呼ぶ。7.5節参照）の場合は，状況が大きく異なり（図10-13），初期質量次第では，例えば，太陽質量の30倍というブラックホールが生成されうることが理論的に予測されている。こうしたことから，重力波源GW150914で検出された約$30 M_\odot$のブラックホールは，種族III起源のものかもしれないという説が提唱されている[75]。こうした，$30 M_\odot$のブラックホールを作るもう一つのメカニズムとして，ごく初期（宇宙開闢後わずか1000分の1秒という時期）の宇宙に存在する，ごくわずかな密度ゆらぎから，直接ブラックホールを作るというアイデアもある。これを，原始ブラックホール（primordial black hole）と呼ぶ。このアイデア自体は古くから知られていたが[76]，GW150914の検出によって注目度が俄然高まって

74　Tombesi *et al.* 2015, Nature, 519, 436
75　Kinugawa *et al.*, 2014, MNRAS, 442, 2963
76　2018年3月に亡くなったホーキング博士（S. Hawking, 1942-2018）は，原始ブラックホール形成のメカニズムについて先駆的な研究を1971年に発表している。（Hawking 1971, MNRAS, 152, 75）

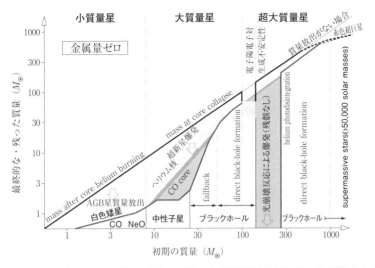

図 10-13　重元素のない環境で誕生した星の初期質量と最終的に残る質量の関係
（出所）　Woosley & Heger 2002, Reviews of Modern physics, 74, 1015

おり，非常に活発に研究されている[77]。

　最後に，赤方偏移が6や7という初期の時代に存在する，太陽質量の数十億倍にも及ぶという超大質量ブラックホールの起源について考えてみよう。現在の天体形成シナリオでは，赤方偏移が30から40という時代に最初の星が誕生したと予想されるため，そこで生まれた星の進化により作られたブラックホールが「種」（種ブラックホールと呼ぶ）となって，それが質量降着により質量を増やして $10^9 M_\odot$ に至ったと考えられる。ただし，10.3節で述べたように，質量降着には，ブラックホール質量で決まるエディントン限界が存在するため，質量が小さいうちは，なかなか一気に質量を増やすことはできない。エディントン限界で許される最大の質量降着を，数億年間，常にし続けるという，かなり極端な仮定をしたとして，例えば赤方偏移が40の時代に太陽質量の数千倍以上という

77　例えば Sasaki *et al.*, 2018, an invited review article in Classical and Quantum Gravity, arXiv:1801.05235 や Ali-Hamoud *et al.* 2017, Physical Review D, 96, id. 123523 を参照。

質量の種ブラックホール（これはまさに中間質量ブラックホールである）が存在していれば，ようやく，赤方偏移が6や7における超大質量ブラックホールの存在が辛うじて説明できるという計算になる。

より質量の大きい種ブラックホールはできないものだろうか？　重元素を持たない，種族Ⅲの星からできたブラックホールであれば，（先ほど述べた，数十 $M_\odot$ よりもさらに）大きな質量の種ブラックホールになりうるかもしれない。また，初代星形成時期に，質量の大きなガスが一気に重力崩壊して，太陽の約1万倍にも及ぶ質量の大きな種ブラックホールを作るという直接崩壊（direct collapse）シナリオも考えられている。また，宇宙論的数値シミュレーションにより，超音速乱流が卓越するガスから誕生した初代星は，星からの放射によるフィードバックが効かずに星が肥大化し，太陽質量の1万倍を超える巨大な種ブラックホールを残しうることもわかってきた（図10-14）。

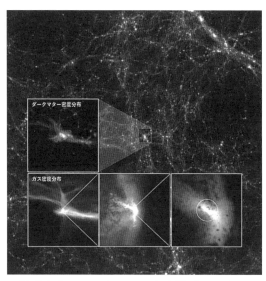

図 10-14　数値シミュレーションによる種ブラックホールの生成
（出所）　Hirano *et al.*, 2017, Science, 357, 1375

こうしたシナリオに加え，中間質量ブラックホール（10.6 節）で登場した超臨界降着が，初期宇宙でのブラックホール成長で重要な役割を果たしている可能性もある。実際，高赤方偏移のクェーサーにおいては，エディントン限界を超える質量降着率で輝く天体の割合が増えているらしい。今後，すばる望遠鏡や LSST，WFIRST など地上およびスペースからの大規模な高赤方偏移クェーサー探査の進展，および，種ブラックホール形成や超臨界降着に関する理論研究の進展とともに，初期宇宙における超大質量ブラックホール誕生の謎も，解き明かされる日がくるに違いない。

11 | 銀河の形成と進化

河野孝太郎

《目標＆ポイント》 銀河の形成と進化の過程について，最新の観測により獲得された描像を概観する。宇宙における平均的な星生成率の変遷を捉える多様な観測的手法を理解するとともに，その物理的背景を考察する。銀河とダークマターハローの関係，また銀河と巨大ブラックホールの共進化問題についても触れる。
《キーワード》 宇宙星生成史，進化する星生成銀河の主系列，原始銀河団，宇宙再電離

11.1 宇宙における星生成活動の歴史

　宇宙には多数の銀河が存在し，その個々の銀河のなかでは，あるものは細々と，またあるものは激しく，新たな星を生成している。星のなかで，またあるいはその進化の過程を通して合成され，星間空間へと放出されていく多様な元素は，次世代の星の材料になるばかりでなく，太陽系のように生命をも育む新たな惑星系を作り出す材料となる。138億年にも及ぶ長い宇宙の歴史のなかで，こうした星生成活動が，どのように始まり，どのような変遷をたどってきているのか（宇宙星生成史）を紐解き，理解することは，現代天文学に課せられた最も重要な使命の一つといってよいであろう。

　こうした宇宙の大局的な空間スケールにおける星生成活動の指標としては，単位体積（宇宙膨張の効果を考慮した共動体積）あたりの星生成率（単位は $M_\odot/\mathrm{yr}/\mathrm{Mpc}^3$）を用いることが多い。これを星生成率密度と

呼ぶ。

　星生成率密度やその算出のベースとなる星生成率の測定を行ううえでは，さまざまな手法が利用される。それぞれの手法により，どのような性質の銀河における星生成率が測定されるのか，特徴や弱点をよく理解して用いる必要がある。

11.2　静止系紫外線で探る宇宙星生成史

　銀河における紫外線の放射は，大質量星の量を直接的に反映し，星生成率のよい指標である。遠方宇宙，すなわち赤方偏移の高い銀河では，その銀河からの紫外線（これを，観測している波長と区別するために，静止系紫外線と表現する）は，宇宙膨張の効果で波長が伸び（宇宙論的赤方偏移。補遺2を参照），可視光域など，より波長の長い光として観測されることになる。ガリレオ以来長い歴史を持つ可視光域では，すばる望遠鏡のような大型地上望遠鏡やハッブル宇宙望遠鏡とCCDなど成熟した検出器技術を組み合わせて銀河の探索（掃天観測，あるいはサーベイと呼ぶ）を行い，探索を行った空間内に含まれている銀河の情報から，宇宙における星生成活動を調べることができる。

　現時点で発見されている最も遠方の銀河は，こうした静止系紫外線での観測によるものであり，その赤方偏移は11を超えている（図11-1）。これは最新の宇宙論パラメータによれば宇宙誕生後わずか4億年しか経過していない初期の宇宙に存在する銀河ということになる。

　こうした高赤方偏移宇宙に存在する銀河を探索する手法はいろいろなものが提案されており，手法に応じて使う望遠鏡やカメラ，観測戦略などが変わってくる。そのなかでも，この波長域で最も広く用いられる手法の一つライマンブレーク法について，その原理を少し詳しく見てみよう。

　静止系紫外線域における銀河のスペクトルは，静止波長 $0.1216\mu m$ [78]

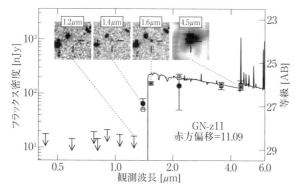

図 11-1　現在知られている最も遠方にある銀河 GN-z11 の画像と測光点，およびスペクトルエネルギー分布のモデルとの比較
（出所）　Oesch *et al.* 2016, ApJ, 819, 129

にある水素のライマン α 輝線などいくつかの輝線および連続光成分を示すが，この連続光成分は，$0.0912\mu m$ を境に不連続的に弱くなることが知られている。$0.0912\mu m$ よりも短い波長の紫外線は，水素原子を電離できるエネルギーを持つため[79]，水素原子があれば吸収されてしまうからである。こうした，連続光成分の不連続的な変化をブレークと呼び，$0.0912\mu m$ に存在するブレークをライマンブレークと呼ぶ。さらに，こうしたスペクトルを示す銀河が，宇宙論的な距離にあった場合は，波長が $0.0912\mu m$ から $0.1216\mu m$ の間にある紫外線[80]も，私たちから見て銀河の手前に存在する水素原子ガスにより吸収あるいは散乱されてしまう[81]。つまり，遠方銀河では，静止系紫外線の連続光が，二つの効果の合わせ

78　本章では，この後さらに波長の長い赤外線なども扱うので μm 単位で表しているが，主に紫外線や可視光を扱うような書籍では，121.6nm あるいは 1216Å と表記されるほうが一般的であろう。

79　波長 $0.0912\mu m$ は，水素のイオン化エネルギーである 13.6eV に対応する。エネルギー E と波長 λ とを関係付ける式 $E = hc/\lambda$（ただし c は光速）を使って検算してみてほしい。

80　水素のライマン系列がびっしりと並ぶ波長範囲に対応している。

81　こうした銀河間に存在するガスの存在は，クェーサーや継続時間の長いガンマ線バーストなど宇宙論的な距離にある明るい光源を背景光とした吸収線からも知ることができる。図 1-9 も参照のこと。

技により，静止波長 $0.1216\mu m$ を境界として，波長の短い側で不連続的に暗くなってしまうことになる。

　このブレークが，実際にどのように観測されるかを確認してみよう。図 11-1 の銀河は，赤方偏移が 11.09 である。宇宙膨張の効果を考慮すると，観測される波長は $(1+z)\cdot 0.1216\mu m$ のように赤方偏移に応じて長くなるので，この銀河の場合，（可視光を飛び越して）近赤外線の $1.47\mu m$ に，ブレークが現れる。実際，図 11-1 のなかにある，いくつかの波長で実際に観測された画像を見ると，$1.6\mu m$ や $4.5\mu m$ でははっきりと天体が見えているが，波長 $1.2\mu m$ では，何も写っていないことがわかる。このように，複数の広帯域フィルター（補遺 1，表 A1-1）を使って撮像観測を行い，ブレークがある波長より長い波長のバンドでは検出されていて，しかし，ブレークがある波長より短い波長のバンドでは見えていない（これをドロップアウトと呼ぶ）ような天体を探査すれば，（時間のかかる分光観測を行わずして）ある範囲の赤方偏移に存在する天体の候補を効率的に選び出すことができるというわけである。

　図 11-2 を見ると，赤方偏移が 3 の銀河は，B バンド[82]やそれより波長の長いバンドでは明るく輝いているが，U バンドでは見えなくなることがわかる。これを U ドロップアウトと呼ぶ。同様に，B バンドでドロップアウトしていれば赤方偏移が 4 付近，i バンドでドロップアウトしているなら赤方偏移は 6 付近である。図 11-1 に示す天体は，驚愕の J ドロップアウトである。

　このようなライマンブレーク法で検出された銀河をライマンブレーク銀河（Lyman Break Galaxies，略称は LBG）と呼ぶ。複数の広帯域フィルターを使った多色撮像観測は可視光・近赤外線域における最も基本的な観測の一つであり，いろいろな望遠鏡で，いろいろな天域の観測が行われている。例えば，視野は狭いが解像度と感度が高いハッブル宇

---

[82] 可視光観測で用いられる帯域（バンド）の名称と対応する中心波長は，表 A1-1 にまとめられている。

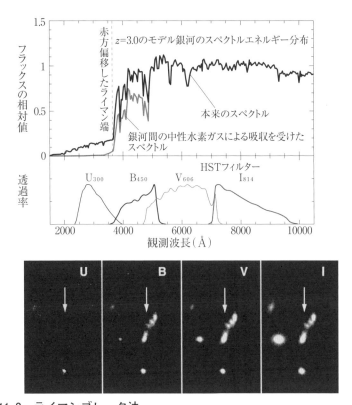

図 11-2 ライマンブレーク法
(出所) Dickinson 1998, The Hubble Ultra Deep Field, Cambridge Univ. Press.

宙望遠鏡は，非常に狭い天域を集中的に観測するという戦略で，遠方にある微弱な銀河を多数発見することに成功している。なかでもハッブル・ウルトラ・ディープフィールド（Hubble Ultra Deep Field, HUDF）や，グッズ南・グッズ北（GOODS-S・GOODS-N）と呼ばれる領域は，数平方分角から数百平方分角足らずの，全天の広がりと比較すればごく一部にすぎない小さい領域であるが，ACS，WFPC2，そしてWFC3という

ように新たなカメラが開発・搭載されるたびに，そこに数十時間以上もの膨大な観測時間が集中的に投じられている．図 11-1 は，そうした「狭くきわめて深いサーベイ」の成果の一つである．

　このように，ハッブル宇宙望遠鏡など，最先端の機能を持つ望遠鏡が集中的な観測を行い，その高い価値が認識されると，可視光に限らず，ほかのいろいろな波長における望遠鏡が，その狭い天域に吸い寄せられるかのごとく向けられるようになる．コスモス（COSMOS）やすばる XMM-Newton 深撮像探査（Subaru XMM-Newton Deep Survey, SXDS）は，HUDF や GOODS よりは浅いが，より広い天域（1 平方度規模）で，口径 8m の大望遠鏡すばるを含めた重点的可視光観測と多くの波長のデータを集積した「広く深いサーベイ」の代表例である．また，スローンデジタルスカイサーベイ（SDSS）は，口径 2.5m と地上望遠鏡としてはやや小振りであるがサーベイに特化した望遠鏡を設置することにより，全天の約 4 分の 1 をカバーする「浅くきわめて広いサーベイ」を行った．その成果の一端は第 8 章でも取り上げられている．現在，すばる望遠鏡は，1.5 度もの広い領域をワンショットで撮像できる超広視野カメラ Hyper Surpime-Cam（HSC）[83]を駆使し，広さと深さを両立させた欲張りな大規模なサーベイを遂行中である．図 11-3 に，このような可視光域における銀河サーベイの例をまとめた．

　こうしたサーベイで検出されてきた膨大なライマンブレーク銀河のサンプルをもとに，静止系紫外線で輝く銀河の光度関数がいろいろな赤方偏移で調べられてきた．赤方偏移が 6 から 7 の宇宙における，紫外線光度関数の進化を図 11-4 に，また，こうした結果に基づいて得られた，赤方偏移が 3 を超える宇宙の星生成率密度の変遷を図 11-5 に示す．赤方偏移が 3 の時代から過去にさかのぼっていくと，明るいライマンブレーク銀河の数が減少していくこと，また宇宙における星生成率密度は単調

---

[83] 8m 級大型光学望遠鏡の常識を覆し，0.5 度という広い視野を実現した主焦点カメラ Suprime-Cam の後継機である．

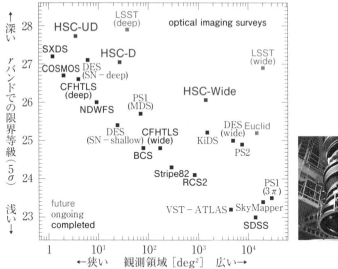

図 11-3 可視光域におけるさまざまな多色撮像サーベイ・プロジェクトと超広視野カメラ HSC の写真
(出所) 大栗真宗・高田昌広(東京大学,HSC collaboration)提供,HSC SSP

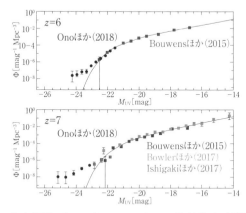

図 11-4 赤方偏移が 6 から 7 にかけての紫外線光度関数の進化
(出所) Ono *et al.* 2018, PASJ, 70, S10

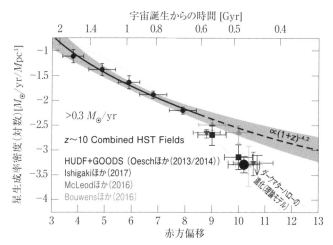

図11-5 静止系紫外線の観測により測定された宇宙の星生成率密度の変遷
横軸は赤方偏移（上側には時間に換算した目盛りが示されている），縦軸は星生成率密度が対数表示で示されている。
（出所） Oesch *et al.* 2018, ApJ, 855, 105

に減少していくことがわかる。一方，こうした銀河からの紫外線は，宇宙の晴れ上がりの後，一旦中性化した宇宙のガスを再び電離（宇宙の再電離と呼ぶ。14.5節参照）した主要な原因であると考えられている[84]。

11.3 ライマンα輝線銀河

遠方の銀河を効率的に見つけ出すもう一つの大切な手法は，静止系紫外線域で最も明るいライマン α 輝線に着目することである。銀河における輝線の線幅を踏まえて，狭い波長範囲の光のみを通すような狭帯域フィルターを使った撮像観測を行うことにより，ある特定の赤方偏移の範囲にある輝線銀河を選び出すことができる。こうして検出された銀河は，ライマン α 輝線銀河（Lyman Alpha Emitter，LAE）と呼ばれる。

---

[84] 高赤方偏移のクェーサーも宇宙再電離に寄与している可能性もあるが，まだよくわかっていない。

すばる望遠鏡で観測された，ライマン α 輝線銀河の空間分布の例を図 11-6（左）に示す．赤方偏移 3.09 という時代に，膨大なライマン α 輝線銀河が密集している密度超過領域が明確に描き出されている．こうした領域は，現在の宇宙における銀河団，それもきわめて質量の大きい銀河団に進化していくと考えられ，原始銀河団と呼ばれている．また，この領域内には，空間的に広がったライマン α 輝線を示す銀河も見つかっている．その例を図 11-6（右）に示す．

こうした狭帯域フィルターを使った銀河探査は，すばる望遠鏡の「お家芸」となっており，HSC を使った大規模観測も進められている．ライマン α 輝線に限らず，Hα 輝線や電離した酸素からの［O II］（波長 0.3727μm），

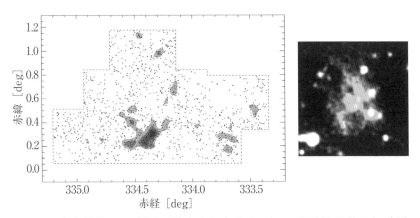

図 11-6 赤方偏移 3.09 付近で検出されたライマン α 輝線銀河の分布（左）およびそのなかの銀河の一つを拡大したもの（右）

左の図の小さい点の一つひとつが検出されたライマン α 輝線銀河に対応している．グレースケールの画像は銀河の面密度に対応する．右側の画像は，大きさが約 25 秒角であり，赤方偏移 3.09 では約 200kpc に対応する．天の川銀河のような，現在の宇宙における典型的な渦状銀河と比較して約 1 桁大きい，巨大な電離ガス雲が広がっている．

（出所） Yamada *et al.* 2012, AJ, 143, 79, Matsuda *et al.* 2004, AJ, 128, 569

［OⅢ］（波長 0.5007μm）輝線銀河の探査にも応用されている。

11.4 隠された星生成

　このように静止系紫外線の観測は，宇宙の最初期に迫る星生成活動を暴き出すなど非常に多くの成果を挙げているが，一方，星間減光の影響を強く受けるため，多量のダストに覆われた銀河では星生成率を大幅に過少評価したり見逃したりする恐れがあることに注意しなければならない。こうしたダストに覆われた星生成領域では，大質量星からの紫外線が周囲のダストに吸収され，ダストを温める。約 20−60K 程度まで暖められたダストは，吸収したエネルギーを波長100μm 付近にピークを持つような赤外線（中間赤外線から遠赤外線）として再放射する。ダストを豊富に含む星生成銀河が放射するエネルギーのスペクトルエネルギー分布の例として，M82 を図 11-7 に示す。中間赤外線から電波領域に至る波長域のなかで，波長100μm 付近にピークを示す，ダストからの熱放射が最も顕著であることがわかる。M82 のような現在の宇宙に存在する銀河の多くは，バリオンの大部分は星であり，星間物質は高々 10−20％ 程度である。そのうち，ダストはガス成分と比較して，質量比はわずか 100 の 1 程度である。それほどごくわずかな割合しか占めていないダストが，銀河の放射するエネルギーの「見え方」を大きく左右し，100μm 付近に現れる最も明るい放射を作り出しているのである。

　このダスト熱放射のピークに着目し，中間赤外線による広域観測を行うことにより，静止系紫外線では捉えにくい，ダストに覆われた星生成銀河種族を発掘することができる。高赤方偏移銀河では，こうした赤外線の放射が，より波長の長い遠赤外線，さらに赤方偏移が大きくなればサブミリ波やミリ波として観測されることになる。多量のダストを持つ星生成銀河のエネルギースペクトル分布が，いろいろな赤方偏移で，ど

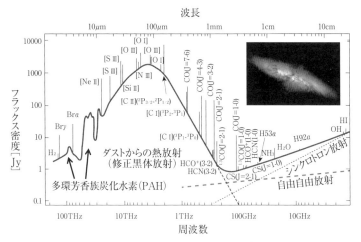

図 11-7 近傍銀河 M82 の近赤外線から電波に至る波長域でのスペクトルエネルギー分布

右上は，すばる望遠鏡による可視光での広帯域フィルターによる画像（星の分布）および狭帯域フィルターによる画像（電離水素ガスからの Hα 輝線）を重ね合わせたもの。

（出所）　Genzel 1992, Physics and chemistry of molecular clouds, 21. Saas-Fee Advanced Course of the Swiss Society for Astrophysics and Astronomy: The galactic interstellar medium, p. 275-391, および Condon 1992, Radio emission from normal galaxies, ARAA 30, 575 の図をもとに河野が加筆して作成．写真提供は国立天文台

のように変化するのかを図 11-8 に示す．より大きな赤方偏移になるほど，距離が遠くなることで見かけの明るさが暗くなると同時に，ダスト熱放射のピークが長波長側にシフトするため，スペクトルが図の右下に向かって移動していく．可視光から電波に至るまで，天体の距離がより遠くなれば，それに応じて見かけの明るさは暗くなるが，ミリ波サブミリ波帯では，明るいダスト熱放射のピークが移動してくることにより，見かけの明るさが暗くならないという興味深い特徴が現れる．これを，

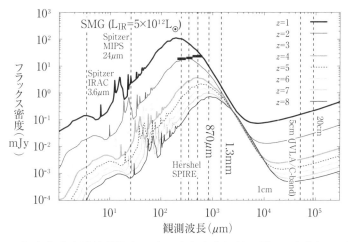

図 11-8　超高光度赤外線銀河をいろいろな赤方偏移に置いて観測した際に期待されるエネルギースペクトル分布
(出所)　廿日出文洋（東京大学）提供

ミリ波サブミリ波における負のK補正効果と呼ぶ。

　遠赤外線は宇宙からの観測が必須であるが，バックグラウンドの雑音を下げて感度のよい観測を行うためには望遠鏡自身も冷却しなければならず，なかなか大型の望遠鏡を打ち上げることが難しいため，空間分解能が比較的低い観測になるところが難点である。空間分解能が低いと，観測をしていくにつれて，得られる画像の一つひとつの画素に，複数の銀河が入ってくるようになってしまう。この状態になると，それ以上時間をかけて観測しても，より暗い銀河を検出することはできない。こうした限界をソース・コンフュージョン限界と呼び，この波長帯特有の注意点となっている。

　サブミリ波やミリ波では，大量のセンサーを配置したカメラの開発が技術的に難しく，なかなか大規模な掃天観測が実現されなかったが，1990

年代に入って半導体ボロメーターを使ったサブミリ波カメラ SCUBA がハワイの JCMT15m 望遠鏡に搭載され，高赤方偏移にあるダストに隠された爆発的星生成銀河（その歴史的経緯から，しばしばサブミリ波銀河 Submillimeter galaxies，略称としては SMG と呼ばれる）の存在が明らかになってきた。その後，超伝導体を使った高感度かつ大規模化に適したセンサーの研究開発が進み，地上およびスペースからのミリ波サブミリ波帯広域サーベイ観測が行われるようになった。また，ALMA の稼働開始とともに，領域としては狭いが，空間分解能を劇的に改善することにより，従来のサーベイにおけるコンフュージョン限界を打破した非常に深いサブミリ波帯サーベイも続々と行われている。

こうした状況を念頭に置きつつ，現在から赤方偏移が 4 付近までの宇宙における星生成活動をまとめてみると，図 11-9 のようになる。宇宙における星形成活動は，赤方偏移が 2 から 3 の時代に，そのピークを迎え

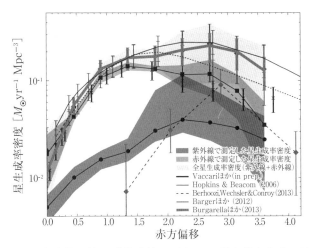

図 11-9　赤外線と静止系紫外線で測定した星生成率密度の比較
（出所）　Burgarella *et al.* 2013, A&A, 554, A70

ている。この星生成率を時間方向に積分すれば，星質量の集積史を知ることができるが，これによれば，現在の宇宙に存在する星質量の80％以上は，この時代以降の星生成活動で作られたものである。この時代の星生成活動の特徴は，そのほとんどは，ダストに隠されていることである。静止系紫外線では，そのごく一部しか見えていないことがわかる。これよりさらに過去の宇宙，すなわち赤方偏移が3を超える宇宙での，静止系紫外線で測定された星生成率密度は，図11-5ですでに紹介したように，測定が進んでいる。一方，赤方偏移が3を超える時代において，ダストに隠されている星生成活動がどれほど存在し，どのような役割を担っているのかについては，まだ明らかになっていない。ALMAによる観測を含め，観測・理論両面において，今まさに活発な研究がなされている最中である。

　星生成活動がどの程度ダストに隠されているか，その度合いの指標としては，赤外線光度と紫外線光度の比$L_{\mathrm{IR}}/L_{\mathrm{UV}}$を用いることが多い。これをしばしば赤外超過（IRX）と呼ぶ。このIRXは，銀河の星質量や，静止系紫外線でのスペクトルの傾き（β_{UV}）と相関を持つことが経験的に知られているため（IRX−星質量関係，IRX−β関係），その経験則を使って，静止系紫外線の測定からダストの影響を補正することが可能である。ただし，ALMAを使い，ダストに隠された星形成領域の空間的な広がりを調べてHSTによる星の分布と比較すると，両者が空間的に全く異なった分布を示す例（図11-10，口絵19），さらには，静止系紫外線で全く見えない爆発的星生成銀河の例も報告されている。こうした場合は，IRX−β関係による補正が破綻することから，注意が必要である。

　ダストの影響は，輝線についても同様に存在する。静止系紫外線や静止系可視光の輝線と比較して，静止系遠赤外線にある，電離した炭素からの［CⅡ］158μm輝線や電離した酸素からの［OⅢ］88μm輝線は，ダ

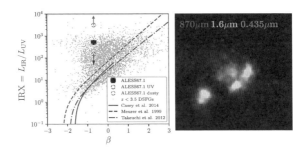

図 11-10 （左図）隠された星生成活動の割合を示す赤外超過 IRX と紫外線域でのスペクトルの傾きを示す β 指数との関係。（右図）ある高赤方偏移銀河における星の分布（緑および青，HST による観測）とダストに隠された星生成領域の分布（赤，ALMA による観測）の比較

(出所) Chen, C.-C., et al. 2017, ApJ, 846, 108

ストの影響をほとんど受けることなく，銀河における電離ガスの情報を得ることができる。近年，ALMA を使ってこうした輝線が赤方偏移が 9 を超える時代の銀河から検出されるようになっており（口絵 20），宇宙再電離期における銀河の進化を探る新しい道具として確立されつつある。

11.5 進化する星生成銀河の主系列

第 8 章で述べたように，現在の宇宙における星生成銀河の多くは，星質量と星生成率とがある一定の比率になるような性質を示す（図 8-10）。これを星生成銀河の主系列と呼ぶこともすでに述べたとおりである。では，過去の宇宙にさかのぼっていくと，こうした星生成銀河の性質は，どのように変化していくのであろう。また，図 11-9 で示したような，赤方偏移が 2 から 3 の時代，すなわち，宇宙における星生成活動のピークにおいて，主役となっているような銀河は，どのような銀河なのだろうか。

図 11-11 に，赤方偏移が 0 から 3 にかけて，星形成銀河の主系列がどのように変化するかを示す。赤方偏移が大きくなるにつれて，主系列に

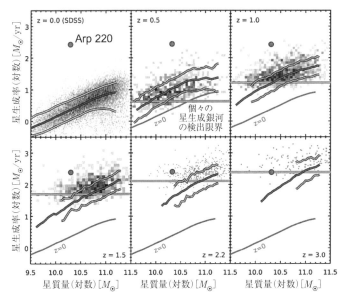

図 11-11 いろいろな赤方偏移における星生成銀河の主系列
（出所）Schreiber et al. 2015, A&A, 575, A74

位置する銀河の星生成率が大きく上昇していく様子がわかる。第9章では，現在の宇宙において，この星生成銀河の主系列から2桁も飛び抜けている，極端に激しい星生成をしているスターバースト銀河として，Arp 220を詳しく紹介した。Arp 220は，現在の宇宙に存在する銀河としてはきわめて例外的な「異端児」であるが，赤方偏移が2や3の時代になると，ごくありふれた「普通」の銀河の一つにすぎないのである。換言すれば，Arp 220のような銀河が，図11-9に示されているような，宇宙における星生成活動の最盛期を担っている。

第9章で，Arp 220のような赤外線光度の高い銀河は，ほとんどがガスを豊富に含む円盤銀河同士の衝突合体によるものであると述べた。では，赤方偏移が2や3の時代におけるこれらの銀河も，衝突合体による

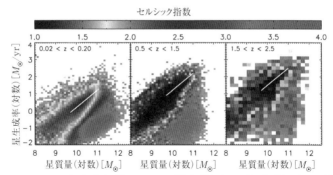

図 11-12　いろいろな赤方偏移における星生成銀河の主系列とその形態
主系列上に位置する星生成銀河は，セルシック指数が 1 付近であり，円盤銀河的である。一方，主系列より下に分布する，星生成を終えた銀河は，より大きいセルシック指数を示し，楕円銀河的な形態であることがわかる。
(出所)　Wuyts et al. 2011, ApJ, 742, 96

のだろうか？　これらの時代における星生成銀河の表面測光から，セルシック指数（8.3 節）を調べた結果を図 11-12（口絵 21）に示す。これら星生成銀河の主系列を担っているのは，(図 9-5 で紹介したような) 形態の乱れた銀河というよりは，円盤銀河的な性質を持つものが多いらしい。実際，こうした銀河での電離ガスや分子ガスの分光撮像観測を行い，ガスの速度場を調べてみると，比較的整然と回転する円盤構造を示す割合が高いことも明らかになってきた。

では，Arp 220 並の高い星生成率（数百 $M_\odot$/yr 規模）は，どのように維持されているのであろう。現在の宇宙にある銀河と比較して，ガス量は変わらないが，より効率的にガスから星への転換が進んでいるという考え方と，現在の銀河よりもガス量が多いという考え方がある。こうした時代の主系列銀河における，星生成の材料すなわち分子ガスの観測が NOEMA や ALMA を使って活発に進められているが，どうやら後者らしい。

となると，今度は，それほど多量のガスを，一体どこからどのように

供給するのか，というところが大問題である．なにせ，これらは，例外的な異端児，ではなくて，この時代における大多数の銀河なのである．これだけ多数観測されるということは，継続時間も長くなければならない（過渡的な，ごく一瞬だけ星生成率が上昇しているという状況をたまたま観測しているのであれば，そうした状態の銀河を観測する確率は小さいはずであり，その個数は統計的には小さくなるはずである）．

　こうした持続的なガス供給を実現する手段として，現在最も有力であると考えられているのは，冷たい降着（cold accretion）モデルである．銀河はダークマターの塊（ダークマターハロー）のなかに集まったバリオンから生成している．ダークマターハローのなかに，さらにガスを供給する際に起こる物理過程は，リース（M.J. Ress, 1942-）とオストライカー（J.P. Ostriker, 1937-）らにより古くから研究されているとおり，ハローの質量に応じて決まる半径（ビリアル半径）において，落ち込むガスは激しいショックを経験し，10^6K にも達するような高い温度となってハロー内を満たすことが期待される（図 11-13 左）．この場合，（ハロー質量が $10^{12}M_\odot$ を超えるような）特に質量の大きいハローに対しては，高温となったガスの冷却に要する時間がハッブル時間を超えてしまい，時間がかかりすぎて星生成に至らない，という問題が指摘されていた．

　これに対して，近年，3次元での数値実験などが進んできたことなどにより，ガスはフィラメント構造をなして非等方的に流入していくことを考慮すると，ショック加熱を起こすことなく，半定常的に，少しずつガスをハロー内へ侵入させることのできるモードがあると指摘されるようになった（図 11-13 右）．これが冷たい降着である[85]．赤方偏移が2から3の時代に主役となっている「爆発的に星生成をする円盤銀河」は，こうした冷たい降着によって維持されているのかもしれない．ただし，こうした冷たい降着の現場を観測的に捉えた例はまだ皆無といってよい．

---

85 「冷たい」といっているが，これはあくまでも，ショックを起こして $10^{6\text{-}7}$K まで加熱されるガスよりは冷たい，という話であり，依然として $10^{4\text{-}5}$K のガスを論じているという点には注意してほしい．

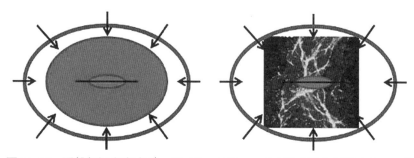

図11-13 円盤銀河を宿すダークマターハローへのガスの流入に関する二つのモードの概念図。衝撃波による激しいガス加熱を伴うモード（左）と，フィラメント構造に沿って衝撃波による加熱を経験せずに流入するモード（右）
（出所）　NASA/IPAC

どのような観測をすれば，このシナリオが検証・実証できるのだろう。多くの研究者が知恵を絞り，この難問と格闘しているところである。

11.6　ダークマターとバリオンの関わり

　ダークマターハローの話題が出たところで，ダークマターと，私たちが直接観測している銀河（バリオン）との関わりについても整理しておこう。銀河はダークマターハローのなかで集積されたバリオンから作られており，ダークマター分布と銀河分布との違いを正しく理解することは重要である。私たちが直接観測できるのはあくまでも個々の銀河であり，その銀河を覆い包むダークマターハローの分布や質量を直接知ることができないからである。近傍宇宙の銀河や銀河団であれば，銀河の回転曲線を調べたり（図3-4がその好例である），銀河団に含まれる銀河同士の速度分散を測定したりする（第9章）ことを通して，ダークマターの量について制限をかけることができた。高赤方偏移銀河では，これらの手法の適用は困難である。

代わりに用いられる手法が，銀河の相関関数解析である。これにより，銀河の密集度，すなわち「群れ集まり具合」を定量化することができる。ある銀河に着目して，その銀河から距離 r だけ離れたところの，ある微小体積内 dV に，別の銀河が存在する確率 dP を考える。もし銀河の分布が完全にランダムな分布であるならば，宇宙全体の銀河の平均数密度を $\bar{n}$ として，確率（期待値）は，

$$dP = \bar{n} \cdot dV \tag{11-1}$$

と表される。実際には，銀河は完全なランダム分布からはほど遠く，群れ集まる傾向にある（図 1-8）。ランダム分布からのズレ具合を，

$$dP = \bar{n}[1 + \xi(r)]dV \tag{11-2}$$

のように $\xi(r)$ で表現する。これが 2 点相関関数である。$\xi(r)$ の大きさは，距離 r にある銀河のペアの数が，完全なランダム分布の場合より，どれほど多いかを表している。＋の場合はランダム分布より密集しており，－の場合は，逆にスカスカになっているという状況に対応する（図 1-8 における「ボイド」領域を思い浮かべればよいだろう）。

さて，この 2 点相関関数を，銀河とダークマターハローそれぞれについて求めることができたとして，その違いは，次のように，パラメータ b を導入して表現することができる。

$$\xi_{\mathrm{gal}}(r) = b^2 \cdot \xi_{\mathrm{DM}}(r) \tag{11-3}$$

このパラメータ b を線形バイアスと呼ぶ。一般に b＞1 であり，ダークマターの分布の密集度に対して，銀河分布の密集度がより高い傾向にあることを表している。銀河の相関関数は実際に観測された銀河の空間分布から求めればよい。ダークマターの相関関数は，もちろん個々の領域において観測はできないが，その一般的な振る舞いはプレス・シェヒター理論（Press-Schechter model）を始めとして解析的手法および数値シミュレーションにより詳しく調べられており，精度よく推定すること

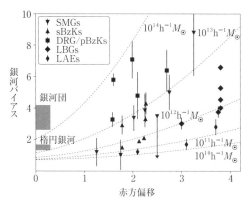

図 11-14　いろいろな銀河種族[86]におけるバイアスの違い
対応するダークマターハロー質量を破線で示している。
（出所）　吉村勇紀（東京大学）提供

ができる。

　このようにして，高赤方偏移宇宙で観測されているさまざまな種類の銀河のバイアスが測定されている。その結果を図 11-14 に示す。こうした解析に基づき，ある基準で選び出した銀河種族が，どのようなダークマターハローに属しているのか，そして，その銀河種族は，将来，どのような銀河に進化していくのか，を推定することができる。本章で登場した LBG や LAE は，比較的質量の軽いハローに属しているが，SMG は 1 桁以上大きな質量を持つ，重いハローに属している銀河らしい。SMG は，現在の宇宙では，銀河団の中心に存在するような（おとめ座銀河団でいえば，M87 のような）非常に質量の重い楕円銀河の先祖なのではないかと推定される。

11.7　銀河とブラックホールの成長史

　第 10 章では，銀河とブラックホールはなぜかお互いのことを知りつ

---

[86] DRG や BzK は，本章では説明していないが，いずれも可視光や近赤外線での多色撮像を基に，銀河の 2 色図からある基準で選択された赤方偏移が 2 前後の銀河種族である。

つ，共進化するのではないかと述べた。ここまで，赤方偏移が2から3の宇宙において，高い星生成率で急成長する銀河の姿を見てきた。では，これらの銀河のなかで，ブラックホールの成長はどうなっているか，最新の知見の一端を紹介しておこう。

図11-15は，X線で見た活動的銀河の数が，赤方偏移とともにどのように変化してきたかをまとめたものである。X線の明るさは，ブラックホールへの質量降着に起因するものであるから，ブラックホールの質量成長率を反映している。この図を見ると，X線光度が $10^{45} - 10^{47}$ erg/sec（約 $3\times10^{11} - 10^{13}L_\odot$ に相当）という，クェーサー級に明るく輝き，急成長をしているブラックホールは，赤方偏移が2から3の時代にその数が急速に増えて極大を迎えていることがわかる。これはまさに図11-9などで示された星生成活動の歴史とよく似ている。これは，銀河の成長とブラックホールの成長とが，宇宙の歴史のなかで同期して進んでいることを示唆するものである。

図11-15は，いくつかの仮定（観測された光度とエディントン限界光度の典型的な値など）を介することで，ブラックホールの重さに関する情報に翻訳することができる。この観点から見ると，この図は，より明るい活動銀河核，すなわちより質量の重いブラックホールほど，より大きな赤方偏移（より過去の宇宙）に多く存在し，暗い活動銀河ほど（質量の軽いブラックホールほど），より小さな赤方偏移（より最近の宇宙）に存在していることを示している。このように，ブラックホールは，質量が重いものほど先に形成され，質量が軽いものは，より後になってその数が増えてきたと考えられる。こうした傾向を，ダウンサイジングと呼ぶ。現在最も観測をよく説明すると考えられている冷たいダークマターモデルによれば，小さい構造（質量の小さい天体）から先に作られ，その後により質量の大きい天体が形成されていくという傾向になるはずで

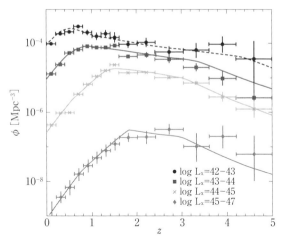

図 11-15　ブラックホールのダウンサイジング
活動銀河の数密度を，X線光度の明るさ別に分けて示している。
（出所）　Ueda, Y., *et al.* 2014, Astrophys. J., 786, 104

あり，一見すると逆の傾向になる理由は，まだよくわかっていない。
　こうした，高赤方偏移の時代における銀河とブラックホールの共進化過程は，原始銀河団領域においても認められる。図 11-6 に示した，ライマン α 輝線銀河の大集団である SSA22 原始銀河団領域は，それ以外の銀河種族も集中していることがわかってきた。X線で輝く銀河，つまり急成長中のブラックホールを宿す銀河もこの領域には密集している。こうした天体を ALMA で観測すると，高い割合がダストに隠された高い星生成率を示しており，ブラックホールとともに銀河自身も急成長中であることがわかる（図 11-16，口絵 22）。
　このように，銀河とブラックホールは歩調を合わせながら成長しているらしい。では，最初にできたのは，どちらなのだろう。SDSS などで発見された非常に明るいクェーサーでは，ブラックホール質量のほうが，

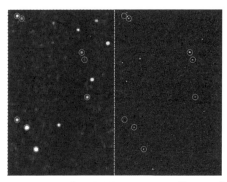

図 11-16　原始銀河団 SSA22 中心領域における X 線とサブミリ波で見た銀河分布

（左）チャンドラ衛星による軟X線の画像を赤，硬X線の画像を青で示している．赤方偏移 3.1 の X 線天体（SSA22 原始銀河団に物理的に付随している活動銀河）は丸で囲まれている．（右）ALMA による波長 1.1mm での深サーベイ画像．活動銀河 8 個のうち，その多く（6 個）がダストに覆われた爆発的星生成をしており，銀河とブラックホールがともに急成長中であることを示している．
（出所）　梅畑豪紀（理化学研究所）提供．Umehata *et al.* 2017, ApJ, 835, 98

現在の宇宙で知られている関係よりも重く，ブラックホールが先にできたのでは？と考えられていたが，これらは例外的に重いブラックホールを持つクェーサーでもあり，これが一般的な描像を与えているかどうかはわからない．そこで，すばる望遠鏡 HSC と ALMA を使った観測により，より暗い，すなわちより「普通の」クェーサーを調べたところ，得られた答えは「おおむね一緒」であった（図 11-17）．私たちは，赤方偏移 6 を超える時代までさかのぼってきたが，銀河もブラックホールも，すでにある程度成長しており，現在の宇宙で観測されているような関係（図 10-9）に，すでにおおむね沿っていたのである．銀河が先か，ブラックホールが先か．もっと過去の宇宙までさかのぼらねばなるまい．

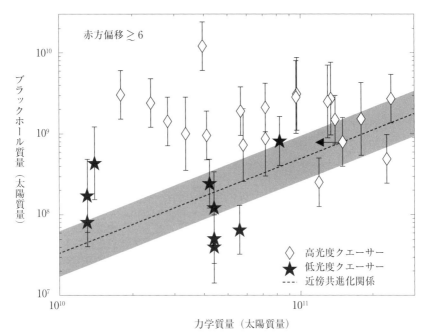

図 11-17 赤方偏移が 6 を超えるクェーサーにおける銀河の質量(力学質量)とブラックホール質量の比較

SDSS 等で発見された光度の高いクェーサー(菱形)と比較し,HSC で発見された光度の低い(より一般的な)クェーサー(星印)は,現在の宇宙において知られている銀河(バルジ)質量とブラックホール質量との相関(斜めの破線と灰色で示した領域)により近い傾向を示す。
(出所) 泉拓磨(国立天文台)提供,Izumi *et al.* 2018, PASJ, 70, 36

　私たちは,まだ赤方偏移が 8 を超えるクェーサーは知らない。しかし,すでに赤方偏移 11 を超える銀河は見つかっているのである。赤方偏移が 10 を超えるブラックホールは存在するのか? そして,最初の銀河は,いつできたのか? 赤方偏移 15 なのか,20 なのか? それは,どんな姿をしているのであろう。難しくもわくわくする謎に満ちた宇宙が,私たちの眼前に広がっている。

12 | 膨張する宇宙

須藤　靖

《目標＆ポイント》 宇宙が膨張しているという事実は広く知られている。しかしその一方で「宇宙は点から始まった」という表現が独り歩きしすぎた結果，宇宙膨張の物理的意味が誤解されていることも多い。本章では，まずガリレオからハッブルに至る宇宙観の変革の歴史を概観する。次に，宇宙膨張に関するよくある誤解を取り上げながら，その正しい概念の定性的な理解を目指す。最後に，ニュートン力学，そして一般相対論に基づいて，宇宙膨張をより定量的に記述する。
《キーワード》 ハッブルの法則，宇宙膨張，宇宙マイクロ波背景放射，一般相対論，一様等方宇宙モデル，アインシュタイン方程式，フリードマン方程式

12.1　ガリレオからハッブルへ

　ガリレオ・ガリレイ（1564-1642）は，1608年に望遠鏡が発明されたという話を聞くと，実物を見ることなく，ただちに天体観測のための望遠鏡の自作を開始した。そして，1609年11月末には，当時世界一の性能を誇る全長93cm，口径37mm，倍率20倍の望遠鏡を作り上げた。彼はこの望遠鏡を用いて「月の表面は滑らかではなくデコボコ」，「天の川は無数の星の集まり」，「木星はその周りを公転する四つの衛星を持つ」，「太陽に見られる黒点はその周りを公転する天体の影ではなく太陽表面上の現象」，「土星には耳がある」（環であるとの解釈には到達していない）など，数多くの重要な発見を成し遂げた。
　これらは，単に特定の天体の特徴を明らかにしただけにとどまらず，

より広く世界観そのものの変革につながった。地球中心主義（天動説）によれば，月や太陽などの天上の世界は完全無欠で変化しないはずだった。しかし，ガリレオの示した月や太陽の観測結果は，それらとは相容れない。さらに，「地球が太陽の周りを回っているならば地球の周りを回っている月は地球から取り残されるはずだ」との地動説に対する強力な反論が，四つの「月」を持ちながら木星がそれらと一緒に公転している事実によって否定されてしまった。

　ガリレオは，地球が世界の中心とは考えられないことを観測的に証明することで，コペルニクスの地動説を確立させる大きな貢献を行ったわけだ。このように，歴史的にも天体観測は，宇宙そのものに関する理解を深めてきた。膨張宇宙の発見もまた，その端的な例にほかならない。

　エドウィン・ハッブル（1889-1953）は，カリフォルニア州のウィルソン天文台で，当時世界最大の口径2.5mを持つフッカー望遠鏡を駆使して，遠方銀河の後退速度vが私たちとその銀河までの距離rに比例する

$$v = H_0 r \tag{12-1}$$

というきわめて単純な事実を見出した（1929年）。この比例係数（ハッブルの原論文ではHの代わりにKという記号であった）は，今では彼のイニシャルのHで表され，ハッブル定数と呼ばれている（宇宙論では慣用として，下添字0は時間変化する変数の現在の値を示すときに付ける。以下同様）。

　(12-1)式から明らかなように，H_0の次元は速度を長さで割ったものになる。天文学では天体までの距離をパーセク（pc）単位で表すため，H_0の値は$km \cdot s^{-1} \cdot Mpc^{-1}$という一見奇妙な組み合わせの単位で示すことが慣用なのだが，これは時間の逆数の次元にほかならない。実際，(12-1)式において（厳密には正しくないのだが）速度が時間変化しないとすれば，$r/v = 1/H_0$だけ時間を過去にさかのぼると，その銀河と私た

ちとの距離は0になる。

　ある特定の銀河だけではなく，すべての銀河が同時に過去のある時点で同じ場所に集まるのならば，$1/H_0$ はその特定の銀河の性質などではなく，それらに共通した，すなわち宇宙そのものの重要な性質を反映しているはずだ．次節以降で述べるように，この値は現在の宇宙年齢（の近似値）に対応し，ハッブルの法則はこの宇宙が有限の過去から始まったことの観測的証拠なのである．

　そもそも，膨張宇宙という概念は一般相対論（1916年）から自然に導かれる帰結の一つである．にも関わらず，それ以前から堅く信じられていた静的宇宙という世界観を捨て去ることは，当時の優れた物理学者たちですら容易でなかったようだ．これは，天動説から地動説への世界観変革がなかなか認められず，ガリレオが弾圧された歴史的事実を彷彿させる．といってもハッブルの原論文に掲載されている図12-1のみに基づいて，速度と距離の比例関係を結論するのはいささか勇気が必要であることもまた確かだ．

　それはさておき，図12-1の直線の傾き（ハッブルは $K \approx 558 \mathrm{km} \cdot \mathrm{s}^{-1} \cdot \mathrm{Mpc}^{-1}$ としている．あえて誤差を付けるならば ±100 程度であろうか）は，現在の観測的推定値（$H_0 \approx 70 \mathrm{km} \cdot \mathrm{s}^{-1} \cdot \mathrm{Mpc}^{-1}$）とは8倍の違いがある．現在の推定値に対応する宇宙年齢は $1/H_0 \approx 140$ 億年となるが，ハッブルの原論文による値を用いれば $1/K \approx 18$ 億年．これに対して，放射性同位体元素による年代測定法から推定される地球の年齢は約46億年なので，これでは地球が宇宙より先に誕生したことになってしまう（ただし，同位体年代測定法を確立したアーサー・ホームズ（1890-1965）は，1927年の著書で地球の年齢を16から30億年と推定しており，当時は，ハッブルが推定した宇宙年齢が，それとは独立に得られた地球年齢と「素晴らしい一致」を示すものと理解されていたらしい．これは科学

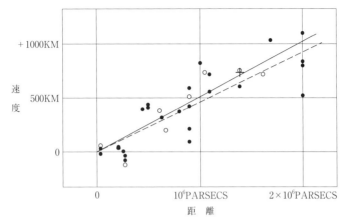

図 12-1　ハッブルの原論文で示された遠方天体の距離－速度関係
(出所)　E. Hubble: Proc. Natl. Acad. Sci. U.S.A. 15 (1929) 168 — A Relation between Distance and Radial Velocity among Extra-Galactic Nebulae.

の信頼性を過信してはならないとの歴史的教訓でもある)。

　当時のハッブル定数が過大評価されていた原因は主として二つ。一つは，銀河までの距離を推定する際に較正源として用いたセファイド変光星に異なる二つの種族が存在するという事実が知られていなかったこと。もう一つは，ハッブルが電離水素雲を明るい星だと誤解していたこと。その二つの修正の結果，天体までの距離の推定値が以前より約5倍大きくなった。おかげで，1950年代半ばまでにハッブル定数の推定値はおよそ $100 \mathrm{km} \cdot \mathrm{s}^{-1} \cdot \mathrm{Mpc}^{-1}$ になり，宇宙年齢が地球年齢よりも短いという矛盾は解消した。

　いずれにせよハッブルの法則は，宇宙が膨張していると同時に宇宙に始まりがあるという事実を端的に示した重要な観測結果である。ハッブルは，歴史的発見を成し遂げた大天文学者として名前を残している。しかし，ハッブルの法則の発見に至る過程で大きな貢献をした多くの天文

学者は，不当に忘れ去られている。ロシアのフリードマン（1888-1925）とは独立に一般相対論における膨張宇宙解を導いた一人として有名なのがベルギー出身のカトリック神父ジョルジュ・ルメートル（1894-1966）である。彼の歴史的論文は 1927 年，ブリュッセル科学会紀要というあまり有名でない雑誌にフランス語で発表されているのだが，そこには 1929 年にハッブルが発見した遠方銀河の距離−速度関係式がすでに導かれている。しかしながら，ルメートル自身が翻訳した 1931 年の英国王立天文学会誌の英訳版には，フランス語の原論文中の，本文 25 行分，方程式 24 番の一部，脚注 15 行分がごっそりと欠落している。しかもそれらはハッブル定数を具体的に計算している部分である。近年この事実が明らかになり，ルメートルの貢献が広く知られるようになったのだが，彼自身がなぜその部分を削除したのかは不明なままだ。

12.2　膨張宇宙に関する誤解

宇宙の膨張を説明する際によく用いられるのが，図 12-2 の「表面に経線と緯線を描き入れたゴム風船」である。これはあくまで，3 次元空間の膨張を図示することは困難だから，あえて 1 次元下げた 2 次元面を用いたものにすぎない。「この風船を少しずつ膨らませれば，任意の 2 点間の距離は増える。しかもそれは相似的な膨張であるから，任意の 2 点間の相対速度はその距離に比例する。風船の表面上に特別な点はないように，宇宙膨張にはある特別な中心はない」といった説明がなされることが多い。しかし，その意味が必ずしも正しく伝わっていないようである。

初めて図 12-2 を眺めた際に当然抱く印象は，

（A）風船（＝宇宙）には中心がある

（B）風船はその特別な一点である中心に対して膨張している

（C）風船には果てがあるし，その体積は有限である

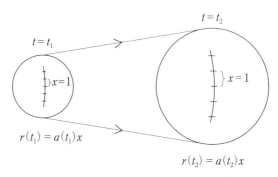

図12-2　2次元ゴム風船表面で表現された膨張宇宙モデル

（D）風船の内側にも，またその外側にも空間は広がっているであろう。もちろんこれらはすべて誤解である。そして，その理由はこの図そのものにあるというべきだ（この2次元ゴム風船モデルが初めて用いられたのは，おそらくジョージ・ガモフ（1904-1968）の啓蒙書だと思うが，以来多くの一般書，さらには専門家の講演で頻繁に用いられている）。

まず（A）はそもそもこの風船が表している状況についての基本的誤解である。この図は，宇宙空間が2次元の場合に対応しているので，2次元の風船表面がすべてで，それ以外（その外）を考えてはならない。私たちはその風船を3次元空間において眺めるので，ついつい3次元的な意味で唯一の中心があるように解釈してしまう。しかし，地球上に貼り付いた私たちの立場と同じく，その表面上のあらゆる点は同等であり，そのどこにも特別な「中心」はない。

同じ意味で，（B）は，風船の表面は3次元空間で考えたときの球の中心に対して膨張していると考えてはならない。その表面上の任意の2点間の距離が時間とともに大きくなっているという意味において，「この2次元表面上には特別な中心が存在しない」と「すべての点を中心だと考えてもよい」とは同値なのである。

（C）もまた，風船の外の3次元空間から眺めている観測者の視点でしかない。2次元表面上でどのように移動しようと，それ以上先に進めない場所は存在しない。せいぜい，もとの出発点に戻ってくる可能性があるだけだ。したがって，この状況は「この風船が表す（2次元表面）宇宙には果てがない」ということになる。一方，この風船の表面積（3次元の宇宙に対応させれば体積）が有限であることは，3次元空間から眺めている観測者に限らない。実際の宇宙の最も単純なモデルである一様等方宇宙モデル（12.5節参照）には，この風船の比喩に対応した「体積は有限だが果てがない宇宙」と「体積は無限で果てがない宇宙」の二つの可能性がある。

　現在の観測結果からは，おそらく後者がより真実に近いと考えられているのだが（ただし，有限ではあっても観測的にはその大きさの下限しか推定できない可能性は否定できないので，厳密な意味で宇宙の体積が無限であるとの証明は不可能である），それをわかりやすく図示することはできない。その意味で，図12-2の風船の表面積が有限であるからといっても，実際の宇宙の体積が有限であると解釈してはならない。

　（D）もまた同様に，3次元空間からこの風船の2次元表面を眺めている観測者の立場だからこそ浮かぶ疑問である。図12-2は，この風船の2次元表面以外は存在しないという前提で描かれたものだ。その前提を無視して，風船の内側と外側に広がる3次元空間が存在するなどと考えてはならないのだ。

　ただし，この2次元表面上の住人が，「この世界が本当は2次元面ではなく，より高次元の空間であり，自分たちはたまたまそのなかに埋め込まれた特別な2次元面上にだけ存在しているのではないか」と想像したとしてもおかしくない。同様に，3次元空間に住む私たちが「この宇宙の外側には何があるのか」ではなく，「この宇宙の空間が3次元ではなく

さらに高次元である可能性はないのか」と問い直すとすれば，きわめて本質的かつ未解決の難問となる．

12.3　宇宙は「点から爆発して始まった」わけではない

　さて，上述の（A）から（D）と並んで，いやそれどころか，ほとんどの方が誤解していると思われるのが，

　　（E）宇宙は空間のある一点が爆発して始まった

である．

　これは，この風船の膨張を過去にさかのぼるとやがては一点に収縮するからそれが宇宙の始まりだ，との考えに基づいている．ただし，（A）とは異なり，この風船の2次元表面全体を収縮させると，面積ゼロ，すなわち点になってしまうこと自体は正しそうなので，厄介である．その誤解の原因は，この風船の表面積が有限であるからなのだが，面積無限大の状況を図示するのは困難であるから直感的に納得できる説明をすることも難しい．さらに，この問題は数学的な意味での「無限体積」，あるいは「ゼロ体積（すなわち点）」が，現実の世界の物理的実体として存在しうるのかという，哲学的疑問にもつながる．その意味において，（E）は単純な誤解というわけではなく，より深い疑問でもある．そこで，（E）に関する異なる解釈をいくつか挙げながら，膨張する宇宙という考え方をさらに掘り下げてみたい．

　おそらく最も多数の方々が抱いている単純な誤解は，

　　（E1）花火や爆弾が爆発するように，宇宙は空間内のある一点で爆
　　　　　発して誕生した

であろう．この解釈が矛盾していることは容易に示すことができる．この場合，私たちはその「爆発地点」からずっと離れた場所にいて，爆発後に宇宙が膨張しているのを眺めている状況をイメージしているのだろ

う．まさに，図 12-2 の風船をその外の 3 次元空間にいる観測者が見ている，という状況そのものだ．むろん，これでは，観測者はその宇宙のなかではなく，別の空間（次元）に存在することになってしまうので，矛盾する．

　百歩譲って仮にその状況が起こったとすれば，その場合は宇宙の始まりに対応する光は，その点からある時間経過後の一瞬に私たち観測者を通過するだけで，その前にもその後にも何も観測されないはずである．ところがこれは，宇宙マイクロ波背景放射（Cosmic Microwave Background，以降慣用に従って CMB と省略する）と呼ばれる，全天のあらゆる方向から常に等方的に届いている光（電波）が観測されているという事実と完全に矛盾する．

（1）宇宙マイクロ波背景放射

　ここで CMB について簡単に説明しておこう．宇宙は過去にさかのぼればさかのぼるほど，圧縮されて高温高密度の状態であった．その結果，宇宙空間を満たす水素原子は電離して，陽子と電子がバラバラのプラズマ状態にあった．そのように大量の自由電子に満たされた宇宙を伝わる光は，電子と頻繁に衝突するために直進できない．これは，あたかも霧のなかで水の粒に光が散乱するため，先が見通せない状態そのものである．しかし，宇宙が膨張するにつれて徐々に温度が下がり，絶対温度で約 3000K 程度になると（宇宙誕生から 38 万年後に対応する．現在の宇宙年齢である 138 億年と比べれば，近似的には宇宙の始まりの時刻だとみなしてよい），電子と陽子がお互いのクーロン力で結合して中性水素原子となる．その結果，光の直進を妨げていた自由電子の数が急速に減少し，光は直進できるようになる．これを今まで視界をさえぎっていた霧が急に晴れる状況に例えて，「宇宙の晴れ上がり」と呼ぶ．

宇宙の膨張につれて光はその波長を徐々に伸ばしながら（光のエネルギーの大きさはその波長と反比例するので，エネルギーを下げながら）伝わる。現在私たちが観測する光の波長帯は主としてマイクロ波と呼ばれる電波なので，CMBと呼ばれている。

CMBは1965年に，衛星通信の実験をしていた米国ベル研究所のアルノ・ペンジアス（1933-）とロバート・ウィルソン（1936-）によって偶然発見された。その観測データから「現在の宇宙の温度」が約3Kであることがわかった。実は，ロシアから亡命した米国の宇宙論研究者ジョージ・ガモフとその学生らは，この発見の約20年も前に，かつて宇宙が高温高密度の状態にあったとすれば，理論的には温度が5から50 Kに対応する光が現在の宇宙を満たしているはずだと予言していた。このため，CMBの発見は膨張宇宙モデルの確定的な観測的証拠だと認められることとなった。

今では，CMBの全天温度地図（図12-3，口絵23）は，宇宙に関する最も詳細で信頼できる観測的情報の宝庫として確立している。第13章でCMBから推定される宇宙のパラメータの値について詳しく紹介するが，

図12-3　Planck探査機によるCMB全天温度地図
（出所）　ESA

それ以前に，私たちがこの CMB を常に観測できるという事実自体が，(E1) への反証となっている。

つまり，(E1) が正しいのであれば，その一点から飛び出した光が私たちの場所と通過する一瞬のみ，その光を観測できるはずである。さらにそれは，天球上のある特定の方向から到達するはずで，あらゆる方向から等方的かつ同時に届くことはありえない。したがって，(E1) は全くの誤解である。むしろ，正しいのは，

 (E2) 宇宙は一点ではなく（ほぼ無限の体積を持つ）空間の，至る
   ところで同時に始まった

である。

（2）宇宙の地平線

ここで重要なのは，光の速度は有限であり，しかもそれよりも速く伝わるものは存在しないことだ。いかなる情報も遠方へは瞬時には伝わらない。また，より遠方の情報は，届くまでにより長い時間を要する。そのために，現在の私たちが観測する宇宙は，より遠くになるほどより過去の姿に対応している。

図 12-4 の上図はその考えに基づいて，誕生時の宇宙を私たちがいつ観測できるかを示したものである。横軸は空間座標，縦軸は時間座標（より正確には，時間に光速度をかけたもの）に対応する。この場合，縦軸と横軸は同じ次元となり，ある点を出発した光はそこから右上 45 度あるいは左上 45 度の傾きの直線に沿って進む。逆にいえば，現在地球が受け取る光は，右下 45 度あるいは左下 45 度の傾きの直線上の過去の場所から到達したことになる。光より早く伝わるものは存在しないので，現在の地球にはこの二つの直線にはさまれた領域の外側の情報は到達していない。そのため，この直線を地平線，その内側の領域を地平線球と呼ぶ。

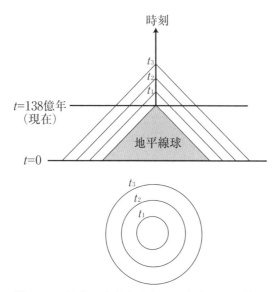

図 12-4　任意の点を中心とした宇宙の地平線球

この図は空間を 1 次元で表現しているので球とは奇異かもしれないが，実際の 3 次元空間ではその領域は地球を中心として光が 138 億年かけて進む距離を半径とした球の内部に対応するからである。

　この地平線球の大きさは，時間とともに増大する。図 12-4 上図の t_1, t_2, t_3 は，地球の未来に対応する時刻である。それらの時刻になると，より遠い場所での $t=0$ 時点での姿が，順次地球に到達する。このように，任意の時刻で観測できる地平線球の最も遠方の境界が，CMB 全天温度地図に対応する（厳密には $t=0$ ではなく $t=38$ 万年なのであるが，すでに述べたように現在の 138 億年から考えればほぼ $t=0$ とみなしてよい）。

　図 12-4（上）から明らかなように，それらは宇宙が始まった時刻では異なる場所にある。このことからも，宇宙の始まりは数学的な意味での「点」ではないことが結論される。これが（E2）の意味である。そのお

かげで，基本的にはこれからもずっと $t=0$ の CMB を観測し続けることができるはずだ。

図 12-4 上図を言い換えれば，現在の私たちから離れた場所にまだ到達はしていないが，$t=0$ の CMB に対応する光が，幾重にも重なった球面のように並んでいるはずである（もちろん本当は連続的分布）。これが下図であり，これは上図の $t=138$ 億年での断面を，空間 2 次元の場合に表現したものである（したがって球面が円周で表現されている）。これらの円周上の光は時々刻々原点に向かって伝搬しており，時刻 $t=t_1$ に，その中心にある地球に同時に到達し観測される。原理的には，この過程が無限の未来にわたって続くはずである。

「爆発」という単語は，どこかに中心がありそこから外側に何かが急速に広がるという状況を意味している。したがって，宇宙が点から始まったのでない限り，宇宙が爆発して始まったという表現も誤りというべきだ。第 13 章でより詳しく説明するように，誕生直後の宇宙はきわめて高温高密度であったものの，それは点でもないし，爆発したわけでもないのである。

12.4　ニュートン力学的膨張宇宙モデル

ここまでは，あえて数式を用いずに宇宙が膨張するという意味を定性的に説明してきた。本節では，宇宙膨張の基本方程式に基づいた定量的な議論を紹介する。

通常，何かが膨張するとは，ある空間座標系のなかで固定された間隔の目盛りを持つ物差しで測ったとき，ものの大きさが増大することを指す。しかし，一般相対論に基づく宇宙の膨張はそれとは異なり，空間座標自体の膨張である。一方，ニュートン力学においては空間座標は与えられたものでしかない。にも関わらず，ニュートン力学によっても宇宙

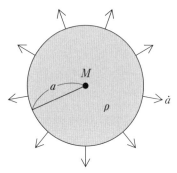

図 12-5　重力のもとで膨張する一様密度球

膨張をある程度は（ごまかしながら）記述できる。そこで，本節でまずニュートン力学に基づく議論を紹介し，次節でその結果が一般相対論の枠内でどのように理解されるかを説明する。

図 12-5 のように，一様密度 ρ の物質で満たされた半径 a の球（質量 M）を考える。この球の外側の領域もまた一様密度であるならば，この系は球の中心に関して対称である（し，この空間のあらゆる点も同等に中心だと考えてもよい）。その場合，この球の半径 a は，ニュートンの重力の逆二乗則から次の運動方程式，

$$\ddot{a} = -\frac{GM}{a^2} \tag{12-2}$$

に従って変化する（ドットは時間に関する微分を表す）。この球内の物質が外に逃げていかない限り全質量 M は時間的に一定だから，その球内の物質の平均密度は $\rho = M/(4\pi a^3/3)$ となり，体積に反比例して時間変化する。

(12-2) 式の両辺に $\dot{a}$ をかけて積分すれば，

$$\frac{1}{2}\dot{a}^2 - \frac{GM}{a} = E (=定数) \tag{12-3}$$

となる。左辺第一項は単位質量あたりの運動エネルギー，第二項は単位質量あたりの重力ポテンシャルなので，(12-3) 式はエネルギー保存則である。特に $E=0$ の場合を考えると (12-3) 式は，

$$\dot{a}^2 = \frac{2GM}{a} \tag{12-4}$$

となる。

(12-4) 式を具体的に解いてみよう。そのために，

$$a = a_0 (t/t_0)^p \tag{12-5}$$

すなわち，a を現在の時刻 t_0 で半径が a_0 となる，指数 p のべき関数だと仮定する。これを (12-4) 式に代入すれば，

$$\frac{p^2 a_0^2 (t/t_0)^{2p-2}}{t_0^2} = \frac{2GM}{a_0 (t/t_0)^p} \tag{12-6}$$

となる。この式が任意の時刻 t で成り立つためには，$p=2/3$ かつ，

$$t_0^2 = \frac{2a_0^3}{9GM} \tag{12-7}$$

が必要である。もしもこの球の半径 a を「宇宙の大きさ」だとみなしてよいならば，宇宙は時間の 2/3 乗に比例して膨張することがわかる。

さらに，この球が現在の時刻で，(12-1) 式，つまりハッブルの法則を満たすことを要請すると，

$$\dot{a}(t_0) = \frac{p}{t_0} a_0 = H_0 \, a_0 \tag{12-8}$$

したがって，

$$t_0 = \frac{2}{3} (H_0)^{-1} \tag{12-9}$$

が導かれる。この 2/3 という係数は $E=0$ の場合にのみ正しいのだが，1 程度の係数の不定性を除けば現在の宇宙年齢 t_0 がハッブル定数 H_0 の逆

数で与えられるという定性的な予想が確認できたことになる。
　(12-9) 式を再び (12-7) 式に代入すると，球の平均密度，

$$\rho_0 \equiv \frac{M}{4\pi a_0^3/3} = \frac{3H_0^2}{8\pi G} \tag{12-10}$$

が得られる。これは，M と a_0 の値は考えている球の大きさによって当然異なるものの，その球（すなわち宇宙）の平均密度は M と a_0 に独立には依存せず，ハッブル定数の値だけで決まるという重要な結果である。

12.5　相対論的一様等方宇宙モデル

　12.4 節の議論は，ニュートンの重力の逆二乗則に従って運動する球に対して，ハッブルの法則を要請しただけなので，本当はこれが膨張宇宙のモデルになっている保証はない。しかし驚くべきことに，一般相対論を用いた本質的な結論は，12.4 節の結果に尽きているのである。残念ながらここでは一般相対論そのものを解説する時間はないので，以下では，そのエッセンスだけを簡単に要約しておくにとどめる。より詳しくは，一般相対論の教科書を参照してほしい。

　一般相対論は時空間のゆがみが重力の原因であることを示した。その基礎方程式であるアインシュタイン方程式は，時空間のゆがみとそのなかに存在する物質の分布を結び付ける。特に最も単純な時空モデルである一様等方宇宙モデルは，膨張宇宙を記述するきわめて良い近似として広く用いられている。一様とはどの方向へ進んでも変化がないこと，等方とはどの向きに回転しても変化がないことで，物理学ではそれぞれ，空間が任意の点で並進対称性と回転対称性を持つ，とも表現される。宇宙に中心がないという事実は，この一様等方宇宙モデルの大前提であり，しかもそれは現時点でのあらゆる観測事実と無矛盾なのである。

　この一様等方宇宙モデルを仮定すると，本来きわめて複雑なアインシュ

タイン方程式が，次の簡単な微分方程式二つに帰着する．

$$\left(\frac{\dot{a}}{a}\right)^2 = \frac{8\pi G}{3}\rho - \frac{K}{a^2} + \frac{\Lambda}{3} \tag{12-11}$$

$$\frac{\ddot{a}}{a} = -\frac{4\pi G}{3}(\rho + 3p) + \frac{\Lambda}{3} \tag{12-12}$$

ここで，a, ρ, p の三つが時間の関数で，それぞれ宇宙のスケール因子，平均密度，平均圧力に対応する．K と Λ は時間に依存しない定数パラメータで，それぞれ宇宙の空間曲率と次章で登場する宇宙定数（ダークエネルギーの一種だと解釈できる）である．特に（12-11）式はフリードマン方程式と呼ばれ，宇宙膨張を記述する基礎方程式である．

ただ，三つの変数に対して方程式は二つしかないので，このままでは解くことができない．通常は，それを補うために物質の密度と圧力の関係を与える状態方程式 $p = p(\rho)$ を与える．これら三つの方程式を連立させれば，三つの時間の関数 a, ρ, p を決定できる．

最も簡単な例は，宇宙が $K = \Lambda = 0$，かつ圧力が無視できる物質（状態方程式が $p = 0$）だけからなる場合で，アインシュタイン・ドジッターモデルとして知られている．

この場合，（12-11）式と（12-12）式はそれぞれ，

$$\left(\frac{\dot{a}}{a}\right)^2 = \frac{8\pi G}{3}\rho \tag{12-13}$$

$$\frac{\ddot{a}}{a} = -\frac{4\pi G}{3}\rho \tag{12-14}$$

に帰着する．二つの方程式に対して未知変数が二つ（a と ρ）であるから，これは解ける．まず（12-13）式の両辺を時間で微分してから（12-14）式と組み合わせて，$\ddot{a}$ を消去すれば，

$$\dot{\rho} + 3\frac{\dot{a}}{a}\rho = 0 \tag{12-15}$$

この式を積分して $\rho \propto a^{-3}$ を得る．その結果を再度（12-13）式に用いれば $\dot{a} \propto 1/\sqrt{a}$，したがって $a \propto t^{2/3}$ となる．

　この結果を 12.4 節と比べれば，一般相対論のもとでのスケール因子と，ニュートン力学のもとで重力を受けて運動する球の半径は，同じ方程式に従うことがわかる．また，単位質量あたりのエネルギー E と宇宙の曲率 K は，$E = -K/2$ の関係にあり，物質の全エネルギーの値が空間のゆがみと関連していることがわかる．

　ただし，一般相対論におけるスケール因子は，宇宙の半径ではなく，座標系そのものの相似拡大・縮小率を表すものであり，全く異なる概念に対応する．にも関わらず，ニュートン力学における球の半径と，スケール因子が結果的には同じ式に従うのは興味深い．

　最後に，スケール因子 $a(t)$ が空間の相似拡大・縮小率であるという意味を説明しておこう．まず共動座標系と呼ばれる，宇宙空間そのものと一緒に動く座標系 x を定義する．これは，$a(t)$ の変化には関係なく，空間に対して相対的な運動をしていない（静止している）観測者の視点に対応する．この座標系に対して静止している任意の 2 点間の距離を測ると $a(t)$ の変化には無関係で，常に一定である．

　例えば，相似的に伸び縮みする無限に広いゴム平面上に，直交座標に対応するグリッドを描き入れたものとする（図 12-6）．ゴム平面自体を相似的に縦横それぞれ a 倍だけ拡大させれば，そのグリッド間隔もまた a 倍だけ伸びる．したがって，そのグリッド間隔を単位として測った 2 点間の距離の値は a には無関係で変化しない．一方，このゴム平面の外にいる観測者が，（伸縮しない）自分の座標系の目盛りを用いてその 2 点間の距離を測れば，もちろん a 倍だけ大きくなる．ある物体の長さをものさ

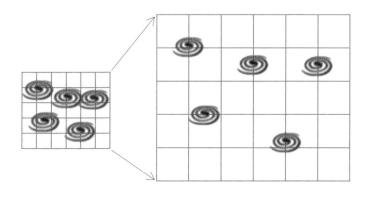

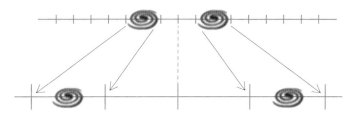

図 12-6　2 次元ゴム平面モデルと 1 次元ゴムひもモデル

しで測って 10「センチメートル」という場合，その物体とものさしが同じ割合で拡大していれば，実際に物体が大きくなっていようとやはり 10「センチメートル」であることに変わりないことと同じである。用いた単位である「センチメートル」のなかにその変化がすべて吸収されてしまうのだから。

　図 12-6 の例においてゴム平面上に描き込まれたグリッドで定義された座標系が，共動座標系 x に対応する。これに対して変化しない外部の座標系を固有座標系 r と呼んで区別する。

　共動座標系と固有座標系で定義された 2 点 A と B を結ぶ位置ベクトル

の値をそれぞれ $\vec{x}_{AB}$, $\vec{r}_{AB}$ とすれば，それらは，

$$\vec{r}_{AB} = a(t)\vec{x}_{AB} \tag{12-16}$$

という関係にある。

このように宇宙膨張とは，時間変化しない座標系のもとで，任意の2点が座標系に対して相対的に運動することによってそれらの距離が大きくなる現象では「ない」。空間そのものが拡大するために，それに貼り付いて定義される共動座標系に対して静止している2点間の距離が必然的に拡大してしまうだけである。

(12-16) の両辺を時間に関して微分すれば，

$$\vec{v}_{AB} = \frac{d\vec{r}_{AB}}{dt} = \dot{a}\vec{x}_{AB} = \frac{\dot{a}}{a}\vec{r}_{AB} \tag{12-17}$$

となる。この式は，任意の2点間の相対速度 $\vec{v}_{AB}$ がその距離 $\vec{r}_{AB}$ に比例することを示す。これをハッブルの法則 (12-1) と比べれば，

$$H_0 = (\dot{a}/a)_{t=t_0} \tag{12-18}$$

が得られる（この右辺は時間の関数である $\dot{a}/a$ の $t=t_0$ での値という意味）。特にアインシュタイン・ドジッターモデルでは $a \propto t^{2/3}$ であったから，(12-18) 式に代入すれば，その右辺は $2/(3t_0)$ となる。つまり，このモデルでは現在の宇宙年齢がハッブル定数を用いて，

$$t_0 = \frac{2}{3}(H_0)^{-1} \tag{12-19}$$

となることを示している。

このように，スケール因子 $a(t)$ に対する物理的解釈は異なるものの，12.4節のニュートン力学の結果は，一般相対論に基づいて記述されるより正確な宇宙膨張の振る舞いをうまく再現している。

13 | 宇宙を構成するもの

須藤　靖

《目標＆ポイント》　第12章で説明した一様等方宇宙モデルは時空の進化を記述する。さらにその時空に存在する物質の進化を組み合わせて得られる描像がビッグバンモデルである。本章では，ビッグバンモデルに対する最も信頼性の高い観測データである宇宙マイクロ波背景放射を取り上げて，そこから導かれる宇宙のパラメータの値とその意味を考える。特に，宇宙を構成する未知の成分であるダークマターとダークエネルギーの概念を紹介する。

《キーワード》　ジョージ・ガモフ，ビッグバンモデル，$\alpha\beta\gamma$ 理論，ビッグバン元素合成，宇宙マイクロ波背景放射，宇宙論パラメータ，宇宙の組成，ダークマター，ダークエネルギー

13.1　ガモフとビッグバン

　宇宙は，その器ともいうべき時空間と，その中身にあたる物質の両者から成り立っている。実際，一般相対論の土台であるアインシュタイン方程式の構造は，まさにこの両者を結ぶ等式そのものだ。第12章で紹介した一様等方宇宙モデルは，「器」としての時空間の進化を記述する。

　すでに第1章でも述べたように，宇宙の大半は未解明の暗黒成分（ダークマターとダークエネルギー）からなると考えられている一方，既知の物質はすべて元素からなる（現代の素粒子論によれば，元素は原子から，さらに原子は原子核と電子から構成される。さらに原子核を構成する陽子と中性子は素粒子であるクォークからなる。また電子は，レプトンと呼ばれる素粒子の代表例である）。ジョージ・ガモフ（1904-1968）

は，一般相対論の一様等方宇宙モデルが予言するように，宇宙初期が高温高密度で熱い「光」に満ちた状態であるとすれば，宇宙に存在するさまざまな元素の存在比をうまく説明できる可能性があることに気付いた（1948 年）。

しかし一般相対論が発表されてすでに 30 年以上経過していたにも関わらず，宇宙が時間的に変化するという考え方は当時はまだ広く認められていなかった。一方で，宇宙が膨張しているという観測的事実を認めるならば，宇宙が時間的にはいつ見ても同じであるという「定常宇宙」を実現するには，宇宙膨張による密度の低下を相殺するために，あらゆる場所で常に新たに物質が生み出されていることをも認めざるをえない。現代的な視点では，きわめて不自然な人為的モデルであるにも関わらず，この定常宇宙論はかつては大きな支持を得ていた。

そのような時代において，ガモフが考えた一般相対論的時空の進化とそのなかで起きる元素の進化を組み合わせた描像は画期的なものであった。だからこそ，定常宇宙論の提唱者の一人であるフレッド・ホイル（1915-2001）に「宇宙が派手に爆発するとかいうトンデモ説」との揶揄をこめて名付けられたのが，現在広く用いられている「ビッグバン」モデルの名前の由来なのである。ビッグバンが，宇宙が爆発したというイメージではないことはすでに第 12 章で説明したとおりだが，そもそもその名前自体が本来は否定的な意味だったことは興味深い。

ガモフは，初期宇宙を満たす始原的物質として事実上中性子のみからなる「イレム」なるものを仮定し，イレムが陽子と反応することで次々により重い元素を生み出すことで，宇宙のすべての元素の存在比が説明できると考えた。この理論は，彼の学生であったラルフ・アルファー（1921-2007）と，原子核物理学の専門家ハンス・ベーテ（1906-2005），そしてガモフの 3 人の連名の論文として発表されたので，3 人の頭文字

をもじって $\alpha\beta\gamma$ 理論と呼ばれている（実はベーテは共著者ではあるものの，この研究には直接関与していない）。

ただし，$\alpha\beta\gamma$ 理論が目指したすべての元素を宇宙初期に合成するというガモフの「夢」は，その後実現しないことが明らかとなった。元素の周期表を思い出してもらえればわかるように，水素（質量数 1），ヘリウム（質量数 4）の次は，質量数 7 のリチウム，質量数 9 のベリリウムである。つまり，自然界には質量数 5 および 8 を持つ安定な元素が存在しない。このため，ヘリウムと水素，あるいはヘリウムとヘリウムを反応させて質量数 5 か 8 の元素を合成することはできず，ヘリウムよりも重い元素の合成をその先に進めることはできない。

このように，宇宙初期に生成される元素はせいぜいリチウムまでの軽元素だけに限られる（ビッグバン元素合成）。炭素以上の重元素は宇宙初期ではなくずっと後に誕生する星の内部で合成されるのである（その素過程はヘリウムが実質的に三つ同時に反応することで起こるトリプルアルファ反応である）。ところで，後者の重元素は，大質量星が一生を終える際に宇宙空間にばらまかれ，次世代の新たな星の材料となる。このように元素は宇宙で循環している。私たちの体を作る元素もまた，宇宙の歴史のある時点で誕生した星の内部で合成され，その後超新星爆発によって宇宙にまき散らされたものなのだ。

ところで，ガモフが導入したイレムという人為的な仮定が誤りであることを示したのが，林忠四郎（1920-2010）である。彼は，弱い相互作用の理論から宇宙を満たす物質の中性子と陽子の比が宇宙の温度の関数として計算できることを示した（1950 年）。そこには人為的な初期条件を仮定する余地がない。おかげで，宇宙誕生後わずか 3 分間で合成される軽元素の存在量が定量的に予言でき，それが観測事実と一致することからビッグバンモデルが強く支持されることとなった。本来はミクロな世

界だけを記述すると考えられていた物理学の法則を，マクロな宇宙に適用することでその初期条件を予言し，かつ天文学的観測データとの比較を通じて理論をより精密化するという，現在の宇宙論研究スタイルの原型を，林忠四郎の研究に見ることができる．

13.2 標準ビッグバン宇宙モデルの確立

1980年代以降，宇宙論研究は飛躍的発展を遂げる．その要因として，天文学的観測技術の進展，インフレーションモデルに代表される素粒子的宇宙論の提唱，そしてスーパーコンピュータを用いた数値シミュレーションによる定量的理論予言，の三つが挙げられる．

観測的ブレイクスルーの第一は，いわゆる宇宙の大構造の発見である．銀河を宇宙の構造を代表して表現するテスト粒子であるとみなせば，それらの空間分布パターンを観測することで，宇宙の姿がわかるはずだ．1980年前後から天文学にも応用されるようになった電荷結合素子（Charge Coupled Device, CCD）が，銀河宇宙のデジタル地図の作成を可能とした．初期の有名な例は，ハーバード・スミソニアン天体物理センター（Center for Astrophysics, CfA）によるCfA銀河サーベイで，（今から見れば「わずか」1000個程度にすぎない）銀河が空間的には一様ではなく，特徴的な非一様分布を示していることを明らかにした．その結果は，宇宙の泡構造やボイド－フィラメント構造などと呼ばれて知られるようになった．その後，このような大構造は珍しいものではなく，宇宙を特徴付ける普遍的な存在であることが明らかとなる．

銀河サーベイはその後，多くの国際的大規模共同観測プロジェクトを生み出した．その代表的なものが，SDSS（Sloan Digital Sky Survey）で，2001–2005年の第一期，2005–2008年の第二期，2008–2014年の第三期と続く．その結果，総計10億個の天体の測光データ（2次元天

球面上での座標と明るさ），および約200万個の銀河と30万個のクェーサーの分光データ（さらにそれらまでの距離を含めた3次元空間上での座標と，スペクトル）がカタログとして一般公開されている。さらに2014 - 2020年までの予定で第四期サーベイが進行中である。

　SDSSは，宇宙のデジタル地図（すなわち，天体カタログ）の作成といういきわめて普遍的な目的を持つプロジェクトである。それをもとにして多様な研究が生み出され，数え切れないほど多くの天文学的成果につながった。特に，明確ではあるが限られた科学目標に特化する高エネルギー物理学的研究とは対照的に，多くの予期せぬ発見を成し遂げた。代表的な一例は，バリオン音響振動の発見である。これは誕生後38万年の時点で音速で情報が伝わる長さスケールが，銀河分布パターンに特徴的な目盛りとして刻み込まれる現象である。SDSSの膨大なデータがその観測的検出を可能とした。以降，そのスケールを利用した宇宙論パラメータの推定法が精力的に開発され，観測的宇宙論における重要なツールの一つとして確立した。

　SDSS以外にも，全天サーベイがもたらした重要な観測的成果として，宇宙の加速膨張の発見が挙げられる（1998年）。これは，多数の遠方銀河を定期的にモニターし，その明るさの短時間変動からIa型超新星を同定。その後，分光追観測することでその超新星までの距離を決定し，いわば異なる過去の時刻での「ハッブルの法則」を決定する。その法則の理論モデル依存性から宇宙論パラメータを推定する，という方法である。

　その結果，宇宙膨張は加速していることがわかり，万有引力を及ぼすダークマター（これだけだと宇宙膨張は減速する）とは異なり，斥力源となるダークエネルギーの存在が示唆された。このように，天体サーベイは，銀河や超新星のような天体に特有の性質ではなく，私たちの宇宙は一体何からできているのか，という世界観の確立に大きく貢献する。

さらに特筆すべきなのは，CMB 全天温度地図データの飛躍的進歩である。特に誕生後 38 万年の CMB を宇宙から観測し詳細なデータを提供した COBE（Cosmic Background Explorer：1989 年打ち上げ），WMAP（Wilkinson Microwave Anisotropy Probe：2001 年打ち上げ），Planck（2009 年打ち上げ）の三つの専用観測衛星は，宇宙論の発展において歴史に残る成果を挙げた。Planck は COBE の約 80 倍もの角度分解能を誇る（図 13-1）。これに象徴される過去 30 年間の天文観測技術の長足の進歩の積み重ねが，精密科学としての宇宙論を支えている。

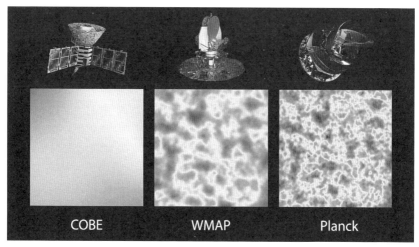

図 13-1　CMB 観測衛星の角度分解能の進歩
天球上の 10 平方度の同じ領域を三つの CMB 探査機で観測した際の画像の比較。角度分解能はそれぞれ大まかに 7 度，12 分，5 分であり，より細かい CMB の温度パターンが鮮明に観測できるようになってきた進歩の足跡が明らかである。
（出所）　Planck ホームページ

13.3 宇宙論パラメータ

膨大な宇宙論観測データの蓄積と詳細な解析の結果，現在では冷たいダークマターと宇宙定数（ダークエネルギーの最も単純な例）を主成分とした宇宙が標準モデルとして確立している。このモデルを特徴付ける基本的な宇宙論パラメータ（表13-1）の意味と数値について順次説明を加えておく。

表 13-1　Planck 観測チームが 2015 年に発表した宇宙論パラメータの推定値

	名前	推定値
H_0	ハッブル定数（$=100h \mathrm{km} \cdot \mathrm{s}^{-1} \cdot \mathrm{Mpc}^{-1}$）	$(67.27 \pm 0.66) \mathrm{km} \cdot \mathrm{s}^{-1} \cdot \mathrm{Mpc}^{-1}$
Ω_b	バリオン密度パラメータ	$(0.04917 \pm 0.00035) \left(\dfrac{h}{0.6727}\right)^{-2}$
Ω_d	ダークマター密度パラメータ	$(0.2647 \pm 0.0033) \left(\dfrac{h}{0.6727}\right)^{-2}$
Ω_Λ	（無次元化された）宇宙定数	0.6844 ± 0.0091
Ω_K	宇宙の曲率パラメータ	$(-4.0^{+3.8}_{-4.1}) \times 10^{-2}$
t_0	宇宙年齢	(138.13 ± 0.26) 億年

h は無次元化されたハッブル定数である。ここで示されている誤差範囲は68%信頼区間に対応する。ただしこれらの数値は推定方法や採用されている仮定によって若干変わることに留意すべきである。

(出所)　"Planck 2015 results. XIII. Cosmological parameters" Astronomy & Astrophysics 594, A13 (2016) 表4，表5

（１）ハッブル定数と宇宙年齢

第12章で述べたように，ハッブル定数は遠方の天体の私たちに対する後退速度とその距離から推定される。1990年に打ち上げられたハッブル宇宙望遠鏡は，その名前が示すとおり，このハッブル定数の決定を重要

なキープロジェクトの一つとし，1999年に，
$$H_0 = (72 \pm 8) \text{km} \cdot \text{s}^{-1} \cdot \text{Mpc}^{-1} \tag{13-1}$$
という最終報告を行った。

しかしハッブル定数は今やハッブルの法則からだけではなく，数多くの宇宙論観測データを組み合わせて推定されることが多い。例えばPlanck衛星のCMBのデータ解析から，
$$H_0 = (67.27 \pm 0.66) \text{km} \cdot \text{s}^{-1} \cdot \text{Mpc}^{-1} \tag{13-2}$$
が得られている。この逆数は，
$$H_0^{-1} = (145 \pm 3) \text{億年} \tag{13-3}$$
である。一方で，宇宙年齢は，
$$t_0 = (138.13 \pm 0.26) \text{億年} \tag{13-4}$$
と推定されている。

一般にはこの両者が厳密に一致する必要はない。例えば第12章で紹介した宇宙定数を含まないアインシュタイン・ドジッターモデルの場合には $H_0 t_0 = 2/3$ となる。逆にいえば，宇宙定数を無視したこのモデルは，上述の二つの観測的推定値とは完全に矛盾している。そもそも，ハッブル定数と宇宙年齢との矛盾は，宇宙の加速膨張の発見で注目された1998年よりずっと以前から，宇宙定数 Λ（あるいはダークエネルギー）の存在を示唆する重要な観測結果であった。

現在では，数多くの宇宙論観測データを組み合わせてハッブル定数の誤差は1％以下という驚くべき精度となっている。一方で，理論的モデル依存性を適切に系統誤差として考慮することは難しい。これはハッブル定数に限らず，すべての宇宙論パラメータに共通する問題だ。したがって，ある特定の解析結果だけを過度に信頼するべきではない。さまざまな独立な方法で繰返しその整合性をチェックすることが本質的である。

（2）宇宙の密度

フリードマン方程式（(12-11) 式）の右辺に登場する宇宙の平均密度 ρ は，実際には複数の異なる成分の和からなる。ρ_i を i 番目の成分の密度とすれば，

$$\rho = \sum_i \rho_i \tag{13-5}$$

と書ける。

代表的な成分としては，光，ニュートリノ，通常の元素（厳密には正しくないのだが，宇宙論では慣習としてバリオンと呼ぶ），重力は及ぼすが電磁波では直接観測できないダークマター，などが考えられる。ただし，現在の宇宙においては光とニュートリノの密度は他の2成分に比べて無視できるので，全密度をバリオンとダークマターの和，

$$\rho = \rho_b + \rho_d \tag{13-6}$$

と近似してよい。この場合，現在の時刻での (12-11) 式の両辺の値は，

$$H_0^2 = \frac{8\pi G}{3}(\rho_{b0} + \rho_{d0}) - \frac{K}{a_0^2} + \frac{\Lambda}{3} \tag{13-7}$$

となる。

さらに，宇宙の各成分に対応する無次元の密度パラメータを次のように定義する。

$$\Omega_K = \frac{K}{a_0^2 H_0^2}, \quad \Omega_b = \frac{8\pi G}{3H_0^2}\rho_{b0}, \quad \Omega_d = \frac{8\pi G}{3H_0^2}\rho_{d0}, \quad \Omega_\Lambda = \frac{\Lambda}{3H_0^2} \tag{13-8}$$

（左辺はいずれも時間の関数の現在での値に対応しているから，本来は下添字 0 を付けるべきではあるが，添字が面倒になるので通常はそこまでしない）。

これらを用いて (13-7) 式を変形すれば，

$$1 + \Omega_K = \Omega_b + \Omega_d + \Omega_\Lambda \tag{13-9}$$

(13-9) 式の左辺は時空の幾何学的性質を，右辺はそのなかに存在して

いる物質組成を表わすという意味において，この式は時空＝物質という一般相対論の思想をそのまま表現している。また（13-8）式で定義された無次元密度パラメータは，それぞれの物質の重力エネルギーと宇宙の運動エネルギーの比だと解釈することもでき，その意味では（13-9）式はエネルギー保存則にほかならない。

さて，（13-9）式に登場する4成分がそれぞれ時間的にどのように振る舞うか理論的に予言し，観測データと詳細に比較すれば，四つのパラメータの値を推定できる。これはかなり面倒で複雑な作業ではあるものの，その方法論は確立している。詳しくは参考文献に挙げた宇宙論の教科書を読んでいただくことにして，以下では結果だけを簡単にまとめておく。

（3）宇宙の曲率

宇宙の曲率 K を無次元化した Ω_K の値は，空間の曲がり具合を表している。プランク衛星のデータからは，

$$\Omega_K = (-4.0^{+3.8}_{-4.1}) \times 10^{-2} \tag{13-10}$$

という制限が導かれている。つまり，誤差範囲内で宇宙の空間曲率は0である。言い換えれば，宇宙の空間では通常のユークリッド幾何学が成り立つ（平坦な宇宙と呼ばれる）。このため標準的な宇宙論パラメータ推定は，$\Omega_K = 0$ の仮定のもとに行われる。一般書にもしばしば登場する宇宙の組成図（図1-1）は，元素，ダークマター，宇宙定数（あるいはダークエネルギー）の3成分を足し合わせると100％になる。しかし，それはこの平坦な宇宙（空間曲率が0）を仮定しているためである。(13-9)式からわかるように，より一般に $\Omega_K \neq 0$ であればそれは成り立たない。

（4）宇宙の組成

宇宙に存在する物質が私たちの知っている元素（バリオン）だけから

なるのか，それ以外の未知の非バリオン物質（暗黒物質＝ダークマター）をも含むのかという問題は，宇宙論における最も基本的な問いかけの一つである．驚くべきことに，後者が前者の5倍程度を占める，がその答えである．具体的には，

$$\Omega_b = (0.04917 \pm 0.00035)\left(\frac{h}{0.6727}\right)^{-2} \tag{13-11}$$

$$\Omega_d = (0.2647 \pm 0.0033)\left(\frac{h}{0.6727}\right)^{-2} \tag{13-12}$$

という制限が得られている．ここで h は無次元化されたハッブル定数，

$$h = H_0/100\mathrm{km}\cdot\mathrm{s}^{-1}\cdot\mathrm{Mpc}^{-1} \tag{13-13}$$

である（CMBの観測データは $\Omega_b h^2$ および $\Omega_d h^2$ という組み合わせの値に依存するので上式のような結果となるのだが，ここではその詳細は気にしなくてよい）．ちなみに，密度パラメータは無次元量であるが，それらを実際の次元に直すには，臨界密度と呼ばれる，

$$\rho_c = \frac{3H_0^2}{8\pi G} \approx 0.9\times 10^{-29}\left(\frac{h}{0.6727}\right)^2 \mathrm{g}\cdot\mathrm{cm}^{-3} \tag{13-14}$$

をかければよい．つまり $\rho_b = \Omega_b \rho_c$，$\rho_d = \Omega_d \rho_c$ である．

(13-11) 式と (13-12) 式の値はいずれも1よりずっと小さいから，バリオンとダークマターはいずれも宇宙の主成分ではない．その代わりに現在の宇宙を占めていると考えられているのが宇宙定数（あるいはダークエネルギー）である．平坦な宇宙（$\Omega_K = 0$）を仮定した場合の，無次元化された宇宙定数の推定値は，

$$\Omega_\Lambda = 0.6844 \pm 0.0091 \tag{13-15}$$

である．現在の宇宙の密度パラメータは，図1-1にまとめられている．

地上の既知の物質はすべてが元素からなっているが，宇宙全体から見ればそれはわずか5％を占めるにすぎない．残りの，95％は正体が不明

であり，重力は及ぼすものの輝くことのないダークマターが約 25 %，さらに万有引力ではなく実効的に斥力（あるいは負の圧力）を及ぼす宇宙定数が約 70 %を占めているようだ。この宇宙定数は宇宙を加速膨張させる働きをするダークエネルギーの最も代表的な例である。

ともあれ，現在の宇宙の 95 %は直接観測できないダークな成分によって占められているという世界観は驚き以外の何ものでもない。さらにそれらの構成比の数値が正確に推定されているにも関わらず，正体はいまだ解明されていないという事実は衝撃的ですらある。次節で，ダークマターとダークエネルギーと名付けられたこの 2 成分に関する現時点での理解を付け加えておく。

13.4　ダークマター

ダークマターは光を直接発しないという普通の物質（すなわち元素）とは全く異なる性質を持つものの，重力を感じて互いに空間的に群れ集まる性質は普通の物質と共通である。念のためにいえば，ダークマター同士はもとより，ダークマターと普通の物質間にも同じく重力が働く。重力はまさに万有引力なのである。したがって，元素からなる銀河や銀河団のような光を発する天体の周りには，直接見えずともダークマターが存在しているはずである。自ら光を発しないダークマターが観測できる，すなわち「見える」理由はまさにそこにある。

光を発する天体（例えば，星や銀河など）の力学的な運動を詳しく観測すれば，ダークマターの重力がそれらの運動に与える影響を推測できる。それを通じて，本来は直接見ることはできないダークマターの存在を知ることができる。実際，銀河や銀河団の周りに光は発しないが重力を及ぼす物質が大量に存在することは，古くから認識されていた。一方，バリオンの量はビッグバン元素合成理論と軽元素量の観測値から宇宙全

体の5％しかないことが示される。したがって、ダークマターは単に光っていないバリオンでは説明できない。

そのため、ダークマターの正体は、標準理論の枠内では同定されていない未知の素粒子であると考えられている。ダークマターの直接検出を目指した数多くの実験が現在進行中であり、もしもその検出に成功すれば、素粒子の標準模型を超えた新たな理論の検証となる。とすれば、天文学が素粒子の世界を切り開くことになる。

13.5　ダークエネルギー

現在ダークエネルギーと呼ばれている存在は、本質的には1917年にアインシュタイン（1879-1955）が理論的に導入した宇宙項（最近は宇宙定数という名前で定着している）そのものである。

アインシュタインは、1916年の一般相対論提唱直後、自らの理論は宇宙の時間変化（膨張あるいは収縮）を予言することに気付いた。しかし宇宙は静的であるべきだと信じ、その時間変化を認めることができなかった彼は、一般相対論の基礎方程式に、ある項を追加した（1917年）。これがアインシュタインの宇宙項で、ギリシャ文字のΛ（ラムダ）を用いるのが慣用となっている。当初彼はこの宇宙項を、数学的には存在してもよいが、物理的には存在すべき理由が見当たらないために無視していたのだ。そこでこの宇宙項を積極的に利用して、膨張も収縮もしない静的宇宙モデルを実現しようとした。にも関わらずこのモデルは安定ではなく理論的に納得できないのみならず、ハッブルによって宇宙膨張が観測的に発見されるに至り、アインシュタインは自ら宇宙項の導入を撤回した（1931年）。ガモフは「アインシュタインはこの宇宙項を『人生最大の失敗だ』」と悔やんでいたと述べている。ガモフが「語った」この逸話はよく知られているが、実はガモフの作り話だという説もある（とすれば、ガモフ

は「騙った」わけだ)。

ところが，この宇宙項が再びよみがえることになった。すでに述べた宇宙の加速膨張（1998年にこの発見を発表した二つのグループの中心的研究者3名は2011年のノーベル物理学賞を受賞している）の原因として，広く支持されているのが，この宇宙項（宇宙定数）なのである。

一般相対論から導かれるスケール因子の二階微分方程式，(12-12) 式，

$$\frac{\ddot{a}}{a} = -\frac{4\pi G}{3}(\rho + 3p) + \frac{\Lambda}{3} \tag{13-16}$$

を思い出すと，$\Lambda=0$ である限りその右辺は必ず負となる。左辺は宇宙膨張の加速度に比例するから，これは宇宙が減速膨張することを意味する。つまり，重力を及ぼす普通の物質とダークマターだけを考える限り，宇宙は加速膨張できない。加速膨張を説明するためには，右辺の p と ρ に比べて十分大きな正の値を持つ宇宙項の存在を認めざるをえない。

ここまでは宇宙項を物質とは無関係な存在だと仮定してきたのだが，実はエネルギー密度 ρ_Λ と圧力 p_Λ，

$$\rho_\Lambda = \frac{\Lambda}{8\pi G}, \quad p_\Lambda = -\frac{\Lambda}{8\pi G} \tag{13-17}$$

を持つ「ある種の物質」だと解釈し直すこともできる。

(13-16) 式を，

$$\frac{\ddot{a}}{a} = -\frac{4\pi G}{3}(\rho + \rho_\Lambda + 3p + 3p_\Lambda) \tag{13-18}$$

と書き直す。一般に，物質の巨視的な性質はその圧力 p とエネルギー密度 ρ によって特徴付けられる。状態方程式パラメータと呼ばれるそれらの比を，

$$w = p/\rho \tag{13-19}$$

と定義すれば，ダークマターは圧力が無視できるので $w=0$，通常の物質

の圧力は正なので $w>0$ となる（ただし，その値は1に比べて十分小さいので実質的には $w=0$ とみなしてよい）。一方，（13-17）式より，宇宙定数に対応する物質が実在するならば，その状態方程式は $w=p_\Lambda/\rho_\Lambda=-1$ というきわめて奇妙な性質を持つことになる。

（13-17）式と（13-18）式からもわかるように，すでに用いた「宇宙定数が万有斥力を及ぼす」という表現は正確ではない。宇宙定数の持つエネルギー密度 ρ_Λ 自体はほかの物質と同じく「万有引力」を及ぼす。しかし，負の圧力（$p_\Lambda<0$）の効果がそれとは逆符号で働くため，それらの差し引きの結果が実効的な「斥力」として残る，というべきなのである。

このように考えると，宇宙の加速膨張は，宇宙定数のように $w=-1$ に限る必要はなく，$\rho+3p=(1+3w)\rho<0$，すなわち $w<-1/3$ を満たす「負の圧力を持つ物質」によっても説明できる可能性がある。宇宙定数を一般化したこの概念がダークエネルギーである。

プランク衛星のデータと他の観測データを組み合わせた結果として，ダークエネルギーの状態方程式パラメータ（ここでは時間変化しないものと仮定している）は，

$$w=-1.019^{+0.075}_{-0.080} \tag{13-20}$$

の範囲になくてはならない。このように現時点でのあらゆる観測データは，ダークエネルギーが宇宙定数であるとして何ら矛盾しない。一方で，ダークエネルギーが本当にアインシュタインの提唱した宇宙定数であるかどうかは，今後の宇宙論が解明すべき最大の課題として残されている。

13.6　世界を知るための天文学

本章では，天文学的観測データを駆使することによって，この宇宙を記述する重要なパラメータの値が推定できることを示した。その結果は

単なる数値の精密化にとどまらず，この宇宙がダークマターとダークエネルギーという未知の存在に支配されているという信じがたい謎を明らかにした。これは標準宇宙モデルの確立という意味において，21世紀初頭に天文学が成し遂げた画期的な成果である。

しかしそれ以上に，一般相対論を始めとする既知の物理法則から予言される標準宇宙モデルと実際の観測データとの驚くべきレベルでの一致は，宇宙という巨視的な存在そのものがまた物理法則に従っていることの証明にほかならないとも解釈できる。実は，私はこれこそが，天文学および宇宙論研究が明らかにした最も本質的な発見であると考えている。

それを前提として，もう一度，図12-3（口絵23）のCMB全天温度地図を眺め直してほしい。この地図のどこかに，宇宙論パラメータの値が1％以下の精度で刻み込まれている（だからこそ，理論予言との詳細な比較を通じてそれらの値を推定できるわけだ）。その意味において，私たちが住む世界の本質はこのCMB全天温度地図に埋め込まれているともいえる。

宇宙誕生後38万年の初期条件から出発して，既知の物理法則を駆使すれば，通常の宇宙論研究が取り扱う，宇宙の膨張則，銀河・銀河団・大構造の形成と進化，星や惑星の形成，といったレベルにとどまらず，生命の誕生と進化，意識の形成と知的生命体への誕生，社会や芸術，文化の形成と終焉といったことまでもが，原理的には予言できるのではないだろうか。むろん現実的な予言が困難であることはいうまでもない。しかしながら，本質的なものはすべてそこに書き込まれているという事実を認めるなら，単に宇宙論パラメータを推定するといったレベルを超えた，より根源的な研究を指向することも考えてみるべきだろう。

人間を支配している約2万個の遺伝子からなるゲノム地図はすでに解読されている。その詳細な解析によって，例えば病気を引き起こす箇所

を特定し，それを治療に役立てるという研究が精力的に行われている。同様に，このCMB地図に隠された新たな世界観を構築できる可能性は高い。そのような畏怖の念をもって地図を眺めると，ものの見方も変わってくるのではないだろうか。是非試してみられたい。

14 | 138億年の宇宙史

須藤　靖

《目標＆ポイント》　宇宙は誕生してから138億年後の現在に至るまで膨張を続けてきた。と同時に，そのなかに存在する物質が進化し，さまざまな天体構造を生み出してきた。この巨視的な宇宙の歴史は，微視的な世界を記述する物理法則に支配されている。本章では，宇宙の進化と物理法則との関係に注目しながら，138億年の宇宙史を概観する。

《キーワード》　インフレーション，四つの相互作用，ビッグバン元素合成，宇宙の晴れ上がり

14.1　宇宙の始まりと物理法則

　すでに述べてきたようにこの宇宙の過去は無限ではなく，約138億年以上前にはさかのぼれないと考えられている。この時点が宇宙の始まりである。とはいえ，この描像は直感的には受け入れがたい。やはり，「では，宇宙の始まる前の宇宙はどうなっていたのか」と聞きたくなるだろう。もちろん，それに対する論理的回答は「宇宙が始まる前には宇宙は存在していなかった」となる。始まる前に宇宙があるのなら，それは始まりではないからだ。つまり，この質問は，単に「宇宙が有限の過去から始まったとは信じられない」という気持ちを言い換えたものでしかない。したがってこの問いへの回答は，結論ではなく，「宇宙に始まりがある」とはどのような意味なのかの丁寧な説明であるべきだ。

　ハッブルの法則（12-1）に従えば，今から $r/v = 1/H_0$ だけ過去にさかのぼるとすべての銀河が同じ場所に集まる。それが宇宙の始まりだ，と

いう直感的な説明をした。膨張速度が時間的に一定であるはずはないのだが，その時間変化をより正確に考慮しても，係数の違いを別として $1/H_0$ が，宇宙の始まりから現在までの経過時間に対応するという結論は変わらない。これは第12章の定量的な議論でも説明したとおりである。

さらに「宇宙は点から始まったわけではない」こともまたすでに強調済みだ。つまり，同じ場所に物質が集まるのではなく，過去の向きには宇宙が収縮するため，ある時点で（宇宙のあらゆる場所において）物質密度や温度が（ほぼ）無限大になることのほうが本質なのだ。仮に無限大密度の状態が実現していたとするならば，それ「以前」の状態とそれ「以降」の状態とを，因果的に関係付けることはできない。つまりもはや宇宙の過去という概念自体が意味を失うことになる。その意味において，この宇宙はその瞬間から始まったと解釈するほかない。これが通常，宇宙には始まりがあるといわれている理由だ。そしてそれは空間的な意味での点である必要はない。宇宙はある時刻で同時に，しかしすべての場所で誕生したといってもおかしくはない。

しかし，数学的な意味での「無限大」密度の状態が，この宇宙におい

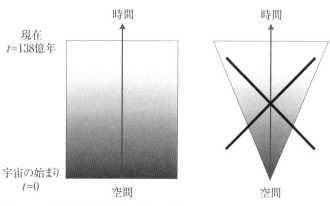

図 14-1　宇宙の始まりのイメージ

て物理的に実現しうるかどうかは決して自明ではない．さらに，「無限大」密度という結論は，あくまで一般相対論が厳密に正しい理論であるとの仮定のもとで，外挿されたものにすぎない．ところが，一般相対論は，ミクロな世界を記述する量子論とは相性が悪く，その意味においてあくまでマクロな世界のみを記述する（近似）理論であると考えられている．両者を統一する量子重力理論が完成した場合には，密度が発散して無限大となる状態は実現しないかもしれない．その場合，$1/H_0$ はあくまで一般相対論が予想する見かけ上の宇宙年齢にすぎないという可能性もある．

このように，宇宙には始まりがあるという結論は，現時点で十分な説得力を持つ科学的帰結であり，標準的解釈となっているものの，最終的にはより根源的な物理法則によるさらなる解明が必要である．

このように，宇宙はなぜ，いつ，どのようにして誕生したのかを突き詰めていくと，大きな謎にぶつかる．実際，生命の起源，意識の起源と並んで，宇宙の起源は，科学が解明すべき究極の謎の一つであろう．宇宙誕生については無数の仮説が提唱されているものの，それらはいずれも完成されたものではないし，現時点では十分信頼できるだけのものでもない（さらに正直にいえば，私はそれらの説を理解しているわけでもない）．そして，その困難の本質は，宇宙の誕生を記述するために必要な物理法則がいまだ知られていない点にある．

物理学の最先端研究を大別すれば，既知の物理法則を具体的に組み合わせて複雑な系の振る舞いを説明あるいは発見する方向，これとは逆に，未知の物理法則そのものを探る方向，の二つがある．中性子星や超新星爆発，宇宙の進化といった天文学的発見や，超伝導や超流動に代表される極限的物質系の振る舞いのように，多様で非自明な現象の多くは実は前者の例である．全く予想外の振る舞いをする系であろうと，その本質

の理解に未知の物理法則を必要とするわけではない。同様に，生命の起源や進化，さらには脳科学や心理学ですら，未知の物理法則が本質的であるとは考えられないから，物理学の観点から極言すればそれらもまた，前者に分類されよう。

一方，後者の代表たる素粒子物理学は，未知の物質階層と同時に未知の物理法則の発見を目指す飽くなき探究の繰り返しである。それと同じく，宇宙の「進化」が既知の物理法則で理解できるとしても，宇宙の「誕生」そのものには，いまだ知られていない根源的法則が本質的な役割をするはずだ。その端的な例が，巨視的宇宙で本質的となる一般相対論（重力）と，微視的世界を支配する量子力学を統一的に記述する未完成の量子重力理論である。

このように，実在する系はいかなるものであれ，物理法則によって支配されている，というのが物理学者の信念である（その物理法則が現時点ではまだ知られていないにせよ）。しかしながら，宇宙の誕生以前に物理法則が存在したのか，あるいは宇宙と法則は同時に誕生したのか，は全く自明ではない。仮に後者であるならばすでに存在する物理法則に従って宇宙の誕生を記述する，という物理学者の方法論自体に限界があるのかもしれない。このように，宇宙の始まりは，究極の物理法則の性質とそのあり方と密接に関係している。

14.2　インフレーションからビッグバンへ

14.1節で述べたように宇宙の「誕生」と「進化」は，明確に区別すべき概念である。誕生してからおよそ 10^{-35} 秒後の宇宙が，時間の指数関数的な急激な膨張を経験するという理論仮説がインフレーションシナリオである。ただし，インフレーションシナリオは，宇宙の誕生そのものを説明するわけではない。このシナリオによると，宇宙はそのインフレー

ションを起こす原因となった存在がそのエネルギーを光や物質に与えて消滅することでインフレーションは終了し，高温高密度の状態となる。この時期以降がいわゆるビッグバンに対応する。繰り返すが，ビッグバンはある特定の場所ではなく，その時点での宇宙のあらゆる場所で起こった現象だと考えるべきである。

　つまり，宇宙はまず（何らかの理由で）誕生し，その後インフレーションを経験し，やがてビッグバンに至る，というのが標準的な描像である。（ある程度定義の問題ともいえるが）これら三つの概念が混同されている場合が多いので，ここであえて強調しておきたい。前節で説明したように，宇宙の誕生自体はまだ未解明である。一方，ビッグバン以降現在に至る宇宙の進化は，詳細は別として，驚くべき精度で検証されている。

　その二つをつなぐインフレーションシナリオは，広く認められた仮説として定着しているものの，それを実現する具体的な理論モデルは知られていない。というよりは，あまりにも数多く提唱されていながらどれ一つとして定説ではないと表現するほうが適切かもしれない。にも関わらず，インフレーションという考え方自体が強く支持されているのは，それが宇宙に関するいくつかの根源的な不自然さをすっきりと解消してくれる（現時点では）ほぼ唯一の理論仮説であるからだ。

　ここで述べた宇宙の根源的な不自然さとしては，以下のようなものが挙げられる。

（1）地平線問題

　現在の宇宙は観測できる範囲ではほぼ一様かつ等方である。例えば，天球上のある方向とそこから 180 度反対方向から到来した CMB 光子を考える（図 12-3，口絵 23 参照）。これらはいずれも宇宙誕生以来 138 億年間かけて私たち観測者に初めて到達したものだ。一方，それらの温度

の値は 0.001％以内で一致していることが観測的にわかっている．明らかにこれは奇妙である．光速を超えて情報を伝達することが物理学的にありえない以上，異なる方向から飛来したこれら二つの CMB 光子は過去には因果関係は持ちえない．とすれば，それらの温度が全く異なっていたとしてもおかしくない．それどころか，むしろそのほうが自然である．因果関係がないにも関わらず，どうしてそれらが驚くべき精度で一致しうるのだろうか．宇宙誕生以来，光が到達できる領域の大きさを「地平線」と呼ぶ（図 12-4）．この CMB の例のみならず，現在の宇宙はその地平線を超えるスケールまで一様等方であることが確認されている．これが地平線問題と呼ばれる謎である．

（2）平坦性問題

13.3 節で述べたように宇宙の空間曲率 K はほぼ 0 である．この値が何を意味しているのか考えてみよう．簡単化のために $\Lambda = 0$ を仮定するが，むろん本質的な結論は変わらない．まず，フリードマン方程式，

$$H^2 = \frac{8\pi G}{3}\rho - \frac{K}{a^2} \tag{14-1}$$

を，その時刻の密度パラメータ $\Omega(t) = 8\pi G\rho/(3H^2)$ を用いて，

$$1 - \Omega^{-1}(t) = \frac{3K}{8\pi G\rho a^2} \tag{14-2}$$

と書き直す．(14-2) 式を時刻 t と現在 t_0 の二つの場合に書き下して辺々割り算すれば，

$$1 - \Omega^{-1}(t) = \frac{\rho_0 a_0^2}{\rho a^2}[1 - \Omega^{-1}(t_0)] \tag{14-3}$$

が得られる．(13-9) 式と (13-10) 式より，$\Omega(t_0)$ はきわめて 1 に近い値を取るので，

$$1-\Omega^{-1}(t_0) \approx \Omega(t_0)-1 = \Omega_K = (-4.0^{+3.8}_{-4.1}) \times 10^{-2} \qquad (14\text{-}4)$$

と書き直すことができる。さて，現在の物理法則が適用可能であると考えられるプランク時刻（$t_{\mathrm{pl}} \approx 5 \times 10^{-44}$ 秒）までさかのぼると，その時点での温度は 1.4×10^{32}K，密度は 5×10^{93}g・cm^{-3} となる。したがって，プランク時刻では，スケール因子 $\dfrac{a_{\mathrm{pl}}}{a_0} = \dfrac{2.7}{1.4 \times 10^{32}} \approx 2 \times 10^{-32}$，密度比 $\dfrac{\rho_{\mathrm{pl}}}{\rho_0} = \dfrac{5 \times 10^{93}}{0.9 \times 10^{-29}} \approx 5 \times 10^{122}$ となる。これらの値を用いて (14-3) 式を書き直すと，

$$1-\Omega^{-1}(t_{\mathrm{pl}}) \approx \Omega(t_{\mathrm{pl}})-1$$
$$= \frac{\rho_0 a_0^2}{\rho_{\mathrm{pl}} a_{\mathrm{pl}}^2}[1-\Omega^{-1}(t_0)] \approx O(10^{-60}) \qquad (14\text{-}5)$$

となる。この式は，仮にプランク時刻における何らかの物理過程の結果として宇宙の曲率が決まったとするならば，それは宇宙の密度を少数点以下 60 桁の精度で 1 にするような驚異的な微調整が必要であることを意味する。現在の宇宙がほぼ平坦に近いという観測事実は，その原因を過去にさかのぼるととんでもない不自然さに対応しているのだ。これを宇宙の平坦性問題と呼ぶ。

（3）磁気モノポール問題

電子や陽子は，それ自身がマイナスあるいはプラスの電荷を持つ粒子であり，それら同士には重力と同じく距離の 2 乗に反比例する電気力が働く。一方，磁気に関してはそうではない。磁石は必ず N 極と S 極がペアになっている。磁石をいくら細かく分割しても，決して N 極だけあるいは S 極だけといった粒子（この仮想的な粒子を磁気単極子あるいは磁気モノポールと呼ぶ）を取り出すことはできない。古典的な電磁気学は，電気と磁気に関するこの非対称性を前提として構築されている。しかしながら，自然界の相互作用を統一する理論においては，磁気モノポールが存在する可能性がある。にも関わらず，現時点では磁気モノポールが

実在する実験的証拠はなく，存在量に厳しい上限値が得られているのみである。相互作用の統一理論を考えると必然的に現れる磁気モノポールがなぜ観測されないのか。これは磁気モノポール問題と呼ばれている。

（4）密度ゆらぎ問題

　現在の宇宙のすべての天体構造は，初期に存在した微小な密度ゆらぎが重力的に成長したものである（重力不安定理論）。しかし重力による成長はゆっくりとしか進まないため，観測されている構造を説明するためには，宇宙初期に大きな振幅の密度ゆらぎが必要となる。ある有限の体積の領域に存在するダークマター粒子は，その個数から決まる古典的なポワソンゆらぎを必ず持つが，その程度の振幅では小さすぎて，現在の構造を生み出すことはできない。一方，CMB観測から，初期の密度ゆらぎの振幅は宇宙の長さスケールに対して特徴的な依存性（密度ゆらぎをフーリエ変換して得られるパワースペクトルがほぼ波数に比例する性質で提唱者の2名の名前からハリソン・ゼルドヴィッチスペクトルと呼ばれている）を持つことが知られている。標準宇宙論では，この密度ゆらぎの振幅と関数形は，宇宙誕生時に偶然決まった初期条件として受け入れるしかなく，その物理的起源は説明できない。これを密度ゆらぎ問題と呼ぶ。

　インフレーションシナリオは，地平線問題，平坦性問題，磁気モノポール問題，密度ゆらぎ問題をはじめとする，標準宇宙論では解決できない謎を一挙に説明する魅力的な理論仮説となっている。その本質は，因果関係を持つ小さな空間領域を時間的に急速に膨張させる点にある。その結果，現在初めて因果関係を持ったと思われる領域は，実ははるか過去にすでに因果関係を持っていたことになり，同じ性質を示すほうが自然

となる（地平線問題の解決）．また，曲がった面であってもそれを十分引き延ばせば局所的には平面とみなすことができるため，私たちは普段地球が丸いことに気が付かない．同様に，曲がった空間も十分膨張させれば高い精度で平坦だとみなせる（平坦性問題の解決）．さらにその領域に存在したかもしれない磁気モノポールも，とてつもない空間的膨張の結果，現在の地平線球内に1個もないほどその個数密度が薄められる（磁気モノポール問題の解決）．

　最後の密度ゆらぎについては，残念ながら直感的な説明は困難である．しかし，指数関数的な膨張をするインフレーションをひき起こす場の量子的なゆらぎによって，上述のハリソン・ゼルドヴィッチスペクトルを再現できることが知られている（その振幅の値はインフレーションを起こす物理モデルに依存するので，逆にモデルに対する制約を課す）．

　このように，宇宙の指数関数的膨張さえ実現できれば，標準宇宙論に内在する困難を同時に解決してくれるという意味において，インフレーションシナリオは強い説得力を持つ．そのため，インフレーションが実際に起こったと仮定したうえで，それを実現する理論モデルはどうあるべきかという観点から，精力的な研究が行われている．その結果，数百もの異なるモデルが提案されているのである．このインフレーション仮説の観測的検証は，今後の宇宙論研究の重要な目標の一つである．

14.3　四つの相互作用の分化

　現在の自然界は，重力，電磁気力，弱い力，強い力の四つの力（物理学では力と相互作用をほぼ同じ意味で用いる）によって記述される．しかしこれらは本来一つの力であったものが，宇宙の温度が下がるにつれて徐々に分化してきたものと考えられている．これが四つの相互作用の統一理論である．電磁気力と弱い力の統一は完成しており，ワインバー

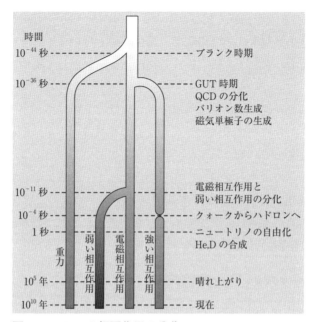

図 14-2　四つの相互作用の分化
（出所）　佐藤文隆・佐藤勝彦「自然」1978 年 12 月号

グ・サラム理論と呼ばれている。また，重力を除く，電磁気力，弱い力，強い力の三つを統一するのが大統一理論であり，確定しているわけではないが多くのモデルが提唱されている。

　実際，最初に提案されたインフレーションシナリオは，この大統一理論というアイデアの宇宙への応用が発端であった（ただし現在のモデルの多くは，この大統一理論とは直接関係しておらず，それらをより一般化した仮想的な場の存在を前提として提案されている）。

　一方，重力を含めた四つの相互作用をすべて統一することは，基礎物理学における挑戦的課題であり，上述の量子重力理論の完成がまさにそ

のゴールである。現在有力視されているモデルの一つが，超紐理論（スーパーストリングセオリーの和訳で，超弦理論ともいう）と呼ばれるもので，標準理論の素粒子を紐（弦）の振動パターンとして説明する試みである。

相互作用の分化は，とても実現できないほど高いエネルギー状態を仮想的に考えたら物理法則はどのようなものであるべきか，という理論的考察から出発している。しかし，初期宇宙においてはそのような高温・高エネルギーの状態が実際に存在していたはずである。その意味において，相互作用の分化は単なる理論的思考実験ではなく，宇宙の進化に伴って必然的に通過した歴史であるともいえる。そしてこれが，初期宇宙を通じて宇宙論と素粒子物理学が密接に関連している理由でもある。

14.4 ビッグバン元素合成

太陽や隕石の詳細な解析から，太陽近傍の元素組成が推定できる。その結果は，全体の質量に占める割合の多い順番に，水素が71％，ヘリウムが27％，酸素が1％，炭素が0.3％となっている。これは，基本的には宇宙全体の元素組成比をほぼ反映している（これに対して人間の体は有機物と水が主成分であり，図1-10に示されているように酸素65％，炭素18％，水素10％の順。宇宙の平均組成比とは全く異なっている）。さて，これらの元素の起源と組成比はどのように決まっているのであろうか。

元素の中心にある原子核は，陽子と中性子（これらをまとめて核子と呼ぶ）の集合体である。陽子は正電荷を持っているため，互いに電気的反発力が働く。にも関わらず，それらが結合しているのは，きわめて近い距離において電気的反発力を上回る引力（核力）が核子間に働くからだ。核力は核子を構成するクォーク間に働く強い相互作用の結果である。

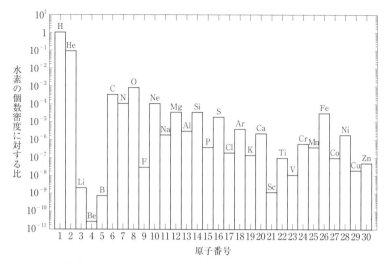

図 14-3 宇宙の元素組成（個数密度比）

しかし，二つの陽子が近づいて結合し，より大きな一つの原子核となるためには，陽子間に働く電気的反発力に打ち勝つだけの大きな運動エネルギーを持つ（すなわち高温である）ことが必要である。しかもそれが宇宙全体であまねく起こるためには，十分な頻度で衝突し反応するだけの高密度でなくてはならない。つまり，元素合成には，高温かつ高密度という条件が必要なのだ。

高温かつ高密度という条件を満たす場所として考えられるのは，星の中心と初期宇宙の二つである。太陽の中心部では，その誕生以来現在まで約46億年間にわたって，核融合反応によって水素がヘリウムに変換され続けている。しかし，星の中心部での核融合だけでは質量比にして宇宙の全元素の約4分の1もの量のヘリウムを生み出すことは不可能なのだ。そのことは，次のように簡単に理解できる。

太陽の中心での核融合反応はさまざまな複雑な反応経路からなるが，

その結果は，4個の陽子がヘリウムとなり，その際にもともとの4個の陽子の質量の0.7％にあたるエネルギーが放出される，と要約される。太陽はこのエネルギーによって光り輝いている。太陽の光度（単位時間あたりに放出されるエネルギー）は約 $4\times10^{33}\mathrm{erg\cdot s^{-1}}$，質量は $2\times10^{33}\mathrm{g}$ である。単純化のために，太陽は誕生時にすべて水素だけでできていたとし，46億年間現在と同じ明るさで光っていると仮定しよう。その結果，太陽の質量のうちヘリウムとなった割合を x とすれば，今までに核融合で生み出されたエネルギーの総量に対して，

$$(4\times10^{33}\mathrm{erg\cdot s^{-1}})\times 46億年$$
$$=0.007\times(x\times 2\times10^{33}\mathrm{g})\times(光速)^2 \qquad (14\text{-}6)$$

という関係が成り立つ。ここでエネルギー＝質量×(光速)^2 という式を用いた。この式を具体的に計算すれば，$x\approx 0.05$ となる。つまり，平均的な恒星の中心部の核融合反応では，その全質量の約5％程度のヘリウムしか合成できないのだ。

太陽近傍のヘリウムの存在量が上述の値よりも約5倍も大きいという観測事実は，太陽が誕生した時点の原材料としてのガスは水素だけではなく，すでに大量のヘリウムを含んでいたことを意味する。したがって，ほとんどのヘリウムは初期宇宙において合成されたと考えるしかない。

第6章と第7章で学んだように，星には寿命があり，それまでに中心部で合成したヘリウムや重元素を星間空間に放出して一生を終える。次にそれを材料として新たな星が誕生する。この過程を繰り返すことで，元素は星間空間でリサイクルされながら徐々に増えていく。星の内部でのヘリウム合成量の推定は，その明るさと寿命を用いて，上述の太陽の場合と同様に推定できる。しかし，現在の太陽の内部にあるヘリウムはまだ外には放出されていないように，星の内部で合成されたヘリウムがすべて宇宙空間に撒き散らされているわけでもない。したがって，ヘリ

ウムのほとんどが宇宙初期に合成されたという結論は変わらない。

宇宙初期に起こったビッグバン元素合成を理解するには，物理学に関する知識が必要なので，ここでは簡単にその概略を述べるにとどめよう。

（1）中性子・陽子数の凍結

宇宙初期では中性子と陽子は（電子とニュートリノが関与する弱い相互作用を通じて）平衡状態にあるため，その個数比はそれらの質量差と宇宙の温度によって決まる。しかし宇宙の温度が約100億K以下になると弱い相互作用はほとんど効かなくなる。このため，陽子と中性子の間の化学平衡は破れ，両者の個数密度比 n_n/n_p は宇宙の温度とは無関係なある一定値（約1/6）にとどまる（陽子・中性子比の凍結）。

（2）重水素の合成

元素の合成は，2体反応の積重ねで進行する（3体以上が同時に衝突する確率はきわめて小さい）。したがって，陽子と中性子から重水素を合成するのがすべての元素合成の第一段階である。しかし重水素は結合エネルギーが小さいため，一旦合成されても宇宙の温度が高い時期には，高エネルギーの光子と衝突してすぐさま再び陽子と中性子に分解されてしまう。重水素が分解されることなく，ヘリウムの合成へ進むためには，宇宙の温度が10億K以下でなくてはならない。この温度は宇宙が誕生してから約3分後に対応する。この時刻までに中性子はその一部がベータ崩壊して陽子になっているため，中性子と陽子の個数密度比は（1）で述べた凍結時の値である $n_n/n_p=1/6$ から 1/7 に減少している。

（3）ヘリウムの合成

生成された重水素は，その後2体反応を繰り返して，三重水素（陽子

1個＋中性子2個）やヘリウム3（陽子2個＋中性子1個）を経て，最終的にほとんどすべてがヘリウム（陽子2個＋中性子2個）となる。このため，生成されるヘリウムの個数は，重水素形成直前にあった中性子の個数の半分となる。このことからヘリウムの質量密度比を，

$$\frac{m_{He} n_{He}}{m_n n_n + m_p n_p} = \frac{4 \times n_n/2}{n_n + n_p} = \frac{2}{1 + n_p/n_n} = \frac{1}{4} \tag{14-7}$$

と推定することができる。ここで，m_{He}，m_n，m_p はそれぞれヘリウム，中性子，陽子の質量で，$m_n \approx m_p \approx m_{He}/4$ とした。また $n_n/n_p = 1/7$ を用いた。このように，ビッグバン元素合成理論は，質量比にして約4分の1のヘリウム量を自然に説明する。

ここまでの議論を再度読み直してもらえば，宇宙の温度と時刻の関係（これは一般相対論のフリードマン方程式から決定される），弱い相互作用の強さ，水素，中性子，重陽子，ヘリウムの質量，のような基礎物理法則と基礎物理定数を用いただけで，それ以外の人為的な仮定，あるいは偶然的要素が一切存在しないことがわかるであろう。これこそ，宇宙が物理法則に従っている端的な例となっている。

しかしながら，ヘリウム以上の重元素はビッグバン時にはほとんど生成されない。これは，その先の反応を進めるためには，水素とヘリウムから質量数5，あるいはヘリウムとヘリウムから質量数8の元素を経由する必要があるにも関わらず，自然界にはなぜか質量数5と8を持つ安定元素が存在しないためである。元素の周期表を思い浮かべても，水素（陽子1個，質量数1），ヘリウム（陽子2個＋中性子2個，質量数4）の先は，リチウム（陽子3個＋中性子4個，質量数7），ベリリウム（陽子4個＋中性子5個，質量数9），ホウ素（陽子5個＋中性子6個，質量数11），炭素（陽子6個＋中性子6個，質量数12）となっており，質量数5と8の元素が確かに抜けている。このため，水素とヘリウムを用

いて2体反応を積み重ねながらより重い原子核を合成することはできない。

このように，宇宙誕生後約3分後に起こるビッグバン元素合成によって生成される元素はせいぜいリチウムまでの軽元素でしかなく，炭素以上の重元素はそれから10億年以上後に誕生した星の中心部（誕生して3分後の宇宙よりはるかに高密度）で100万年から100億年という長い時間をかけて合成される。

14.5 宇宙の晴れ上がりと宇宙マイクロ波背景放射

ビッグバン元素合成時期（誕生後約3分）以降の宇宙における次の重要な出来事は，水素の再結合である。これは電離水素（すなわち陽子）が，宇宙膨張に伴う温度の低下のために，電子と結合してより安定な中性水素原子になる過程である（実際にはヘリウムの再結合がそれより少し前に起こるのだが，ここではそれは無視しておく）。地上では，水素原子が一旦電離し，その後再び電子を捕獲して中性原子になることから「再」結合と呼ばれるのだが，宇宙史においては，実は「初」結合である。

水素原子の電離エネルギーは13.6eVで，これを温度に換算すると16万Kになる。したがって，宇宙の温度がそれ以下になった段階で再結合が始まると考えたくなるが，正しくは約4000Kである。宇宙には陽子の数に比べて約10億倍もの膨大な数の光子が存在する。したがって，宇宙の温度が4000K以上だと，統計的には10億個に1個程度は16万K以上の温度に対応するエネルギーを持つ光子（紫外線に対応する）がまだ存在する。これは光子の全個数から考えるときわめて小さい比ではあるものの，存在する陽子の数とは同程度である。そしてそれらはただちに，一旦再結合して中性化した水素原子に衝突して，再度陽子と電子に分解してしまうのだ。このため，宇宙の温度が十分下がらない限り実質的な

再結合は始まらない。

さて，再結合以前の宇宙は，陽子と電子がばらばらのまま飛び回るプラズマ状態にある。光は自由電子（原子のなかに取り込まれていない電子）によって散乱されるために直進できない。そのために，もし私たちがその時期にいたとしても，霧がかかった状態と同じく宇宙の先を見通すことはできない。しかし，再結合が進めば宇宙は中性化し自由電子がなくなるため，光が直進できるようになる。これはかかっていた霧が晴れて，そこまでがすっきりと見えるようになるという例えから，宇宙の晴れ上がりと呼ばれている。この再結合はほぼ 10 万年かけて終了し，宇宙は晴れ上がる。これは温度にして約 3000K，誕生後 38 万年のことである。

光（すなわち電磁波）を用いる限り，これより過去の宇宙を直接観測することはできない。そして，その観測できる宇宙の最遠方（＝最も過去）の姿を見せてくれるのが，宇宙マイクロ波背景放射なのである。当時，3000K だった宇宙の温度は，スケール因子が 1000 倍膨張したことによって現在は 1000 分の 1 の 2.7K に下がり，そのピーク波長がマイクロ波と呼ばれる電波の領域に対応することが名前の由来である。

ところで，現在の宇宙空間を満たしている水素は中性どころかほとんど電離していることが観測的に知られている。その原因はまだ明らかになっていないが，宇宙の晴れ上がり以降に形成された種々の天体からの紫外線輻射による電離であろうと考えられている。これは宇宙の再電離と呼ばれ，大まかには宇宙の温度が (20 − 30)K の頃に起こったと予想されている。

14.6　天体の形成

晴れ上がり以前の宇宙は，きわめて一様であるため，空間の膨張に

従って温度が下がる以外，複雑な物理過程は起こらない．しかし，それ以降は，ごく微小な空間的非一様性（密度ゆらぎと呼ぶ）が重力のために成長し始める．まず，ダークマターが互いに重力的に束縛した構造が誕生し，やがてそのなかに通常の物質（元素，バリオン）が落ち込み，光り輝く天体となる．その結果，現在知られているような，惑星，星，星団，銀河，銀河団，といった多様な天体諸階層が生み出される．

それらの起源と進化を理解するための宇宙物理学の困難は，天体現象が一般的にきわめて複雑に絡み合った3次元非線形多体現象であることに由来する．個々の基礎過程は既知の物理法則に還元されるにも関わ

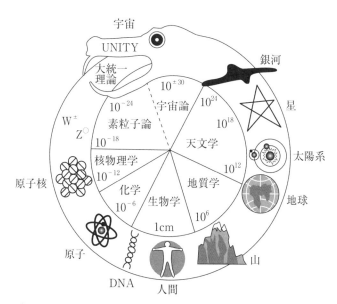

図14-4　自然界のウロボロス
（出所）　The snake of sizes（Reprinted by permission of Warner Books, Inc., New York, U.S.A. From INTERACTIONS by sheldon L. Glashow with Ben Bova. Copyright (c) 1988 by Sheldon L. Glashow. All rights reserved.）

らず，複雑系としての理解の困難さが本質なのである．それゆえに，すべての物理過程を可能な限り正確に取り込んだ大規模数値シミュレーションによって，それらの謎に迫ろうとする研究が行われている．

　天体の重力的進化の時間スケールは，天体のサイズに対して増加する．惑星や恒星といった小スケールの天体は，宇宙の初期条件の手がかりなどすべて失っているであろう．しかし，銀河団あるいは銀河の3次元空間分布のような大スケールになれば，宇宙の年齢程度の時間でゆっくりとしか進化しない．したがって，逆にそれらは宇宙の初期条件の記憶をとどめているはずなのだ．言い換えれば，"宇宙初期を支配した高エネルギー素粒子の時代の物理法則を知りたければ現在の宇宙の最大級の構造を観測せよ"，ということになる．図14-4はこのような考え方に基づいて，素粒子物理学者シェルドン・グラショー（1932-）が用いた有名な自然界の階層構造の統一的描像である．蛇が一直線となっているのではなく，頭が尾をくわえる形で輪を描いているところがポイントである．

15 | 宇宙像のさらなる広がり

須藤　靖

《目標＆ポイント》　第 12 章から第 14 章では，天文観測と宇宙法則を組み合わせることで，誕生後 138 億年の宇宙の標準的描像を概観した。すなわち，曲率が無視できるほど平坦な空間に，質量比にして約 5 ％の元素，25％の冷たいダークマター，70％の宇宙定数（ダークエネルギー）を成分として持つのが私たちの宇宙である。95％のダーク成分の解明は明らかに今後の重要な科学的課題である。しかし，実はそれ以上に根源的な問題も残されている。本章では，宇宙の唯一性と宇宙における生命の必然性という代表的な二つの謎を取り上げて，天文学的宇宙研究のはるか先に控えている新たな世界観を展望する。
《キーワード》　人間原理，マルチバース，太陽系外惑星，バイオシグニチャー

15.1　宇宙と世界

　私は通常「宇宙」と「世界」を意図的に使い分けることが多い。だが，私の「世界」という単語の使い方は一般的ではない，というより普通とは逆かもしれない。天文学や宇宙物理学を研究しているうちに，「宇宙」は単なる抽象的存在ではなく，具体的に観測できる対象だと実感し始める。一方で，「世界」は，地球上での国の集合という狭い意味ではなく，はるかに抽象的な概念のように思えてくる。したがって，私にとって「世界」は「宇宙」を包含するより大きな概念である。時間と空間，さらに星，銀河，銀河団など具体的な天体諸階層からなる具体的な「宇宙」を超えて，その背後に流れている物理法則や自然の摂理，さらには，実際には観測できない他の「宇宙」の可能性までをも含む概念が，私が用い

る「世界」という言葉の意味だ。

1.1節でも述べたように，「宇宙」の語源（の一説）は，「淮南子斉俗訓」にある「宇」は「天地四方上下」（三次元空間全体），「宙」は「往古来今」（過去・現在・未来の時間全体）だとされている．つまり，時空（時間と空間）を意味している（時空と宇宙では順序が逆になっているので，むしろ英語の space-time のほうが順序も含めて宇宙にそのまま対応している）．

これに対して英語で宇宙を示す cosmos は，もともとはギリシャ語で秩序ある体系を意味し，混乱を意味する chaos の対義語である．時間と空間という「容れ物」や「器」ではなく，その背後に控えている摂理＝物理法則に対応しているところが興味深い．まさに第12章から第14章で紹介した宇宙論研究の方法論は，宇宙が法則に従っていることを前提としていたし，まさに結果として，その前提が検証されてきたともいえる．

日本語の「世界」は，インドから中国を経て漢語として日本に伝来した．「世」は時間，「界」は空間の観念にそれぞれに対応するので，「世界」もまた時間と空間の両方を指す訳語だとされている．過去・現在・未来の三世が世で，東西南北上下が界，といった解釈もあるようだ．

宇宙と世界のどちらが大きい（概念）か，などという問いかけは無意味かもしれないが，以下で述べる私の考えが混乱を与えないよう，個人的な使い分けをあらかじめ説明しておいた．

15.2　宇宙における必然と偶然

第14章で述べたように，物理学研究のゴールの一つは，この自然界を支配している基本法則を突き止めることである．そしてそこには，この世界は偶然の助けを借りることなく必然（あるいは法則または摂理）のみによって記述できるはずだという信念あるいは価値観が控えている．

これはまさに宇宙をコスモスとみなす立場にほかならないし，物理学とはこの世界を必然によって説明し尽くす試みだと定義することもあながち間違いではあるまい．

この試みが本当に成功するかどうかは全く自明ではない．しかし，現時点でも生物に代表される複雑系を除けば（決してそれが法則で説明できないという意味ではなく，本質的な難しさのためである），既知の現象のほとんどが驚くべき精度でうまく説明されているのも確かだ．宇宙の進化（宇宙の誕生そのものは除く）もまたその成功例の一つである．

誕生から38万年後の宇宙の姿は宇宙マイクロ波背景放射の詳細な観測データを通じて理解できるようになってきた．おかげで，わずか6，7個程度のパラメータで特徴付けられる標準宇宙モデルによって，それ以降現在に至るまでの宇宙の全体的進化は見事に記述できる（第13章参照）．これは，宇宙の進化が偶然ではなく，物理法則に従った必然的なものであることを示唆している．

これに対して，例えばこの地球上の人間の歴史は，必然というよりもむしろ偶然の積み重ねによって成り立っている（政治体制でいえば，紆余曲折があるにせよ，王制，封建制，民主制といった方向性があるような気もするが，それを必然と呼ぶのはいささか強引すぎるであろう）．その意味で物理学の対象に比べて，はるかに複雑な現象の総体が人間の歴史だともいえる．

ただ，この物理学と文明史の性格の違いは，ある現象をとことん何度でも繰返し調べることでそれらの根底に流れる共通性を取り出すことが可能なのか，あるいはたった1回しか起こらない事象なのか，の差に帰着するだけなのかもしれない（例えば，地球外文明が発見された場合には，そこでの文明の歴史を私たちの場合と比較することで，文明史における偶然と必然を区別することが可能となるかもしれない）．

物理学でも，一度しか起こらない（あるいは経験しえない）事象を考える限り，必然と偶然の切分けは困難だ。そしてそれはまさに一度きりの宇宙史を復元しようとする作業，すなわち宇宙論研究において顕著となる。宇宙が存在していること（言い換えれば，宇宙が誕生したこと）は，必然なのか，それとも偶然なのか。

　この必然と偶然の解釈について，二つの立場がありうる。一つは，まだ理解できていなくとも（未知の）物理法則に従ってこの宇宙の性質は必然的に決まったとする立場。もう一つは，数多くの偶然の蓄積のために無数の異なる宇宙の可能性がありえたのだが，私たちはそのなかのたまたま1つの宇宙に存在しているにすぎないという立場。ただし，後者の立場であっても，一旦宇宙が誕生すればそれ以降は物理法則に従って必然的に進化することは認める。一方，それぞれの宇宙が誕生時に持つ性質（具体的にいえばどのような物理法則を持つかまで含めて）自体は偶然に左右されて決定したと考えるわけだ。

　これらは哲学的な命題にすぎず，科学的に論ずることなど無意味であるという立場もありえよう。しかしそれを認めるならば，宇宙がいかにして誕生したかという物理学的理論モデルを構築する試みは根拠を失うことになる。さらに，偶然とは単に「現時点ではいまだ理解されていない事象に対する弁明」を言い換えたにすぎず，実は無知と同義なのかもしれない。いずれにせよ，安易に偶然という単語を持ち出して思考停止するのではなく，その先を考え続ける価値はある。

　（かつて）大半の素粒子物理学者は次のように考える（考えていた）。この世界は宇宙も含めてすべては法則に従っており，私たちが住むこの唯一の宇宙の誕生もまた必然のはずだ。それが理解できていないのは，単に現在の私たちが最終的な物理学の法則集（究極の理論，あるいはTheory of Everything）をいまだ手に入れていないだけにすぎない。に

も関わらずその解明を諦め偶然に逃避して満足するのは，科学者の怠慢，ひいては科学の敗北宣言に等しい。

これに対して，宇宙論学者の多くはもう少し現実的だ。世界がすべて必然で説明し尽くせるという信念が正しいかどうかは保証の限りではない。それどころか，傲慢にすら思える。そもそも宇宙の誕生が本当に1回だけの事象であるならば，それを必然か偶然かと問うこと自体，意味がない。いっそのこと，無数の宇宙が誕生した（実在している）と考え，そのなかで人間を誕生させる条件をたまたま兼ね備えていた（数少ない）例がこの宇宙であると考えてはどうか。これが，特に古くから英国の天文学者を中心に支持されてきた人間原理の思想である。

人間原理にもいろいろなバージョンがあり，「宇宙そして物理法則は私たち人間の存在を可能とするように調節されている」といった過激な主張だと誤解されることもあるようだ。しかし，ほとんどの場合は上述のごとく「世界は本当に必然だけで説明できるものなのか」といった，謙虚かつ穏当な問いかけなのである。宇宙や物理法則そのものに強い制約を課すのではなく，むしろ人間の存在を「奇跡」や「1回だけの偶然」に頼らず自然に説明する考え方の例にすぎない。その真偽を検証することは不可能である（と私は考えている）という意味において科学と呼べるかどうかは別としても，一つの枠組みとして知っておく価値はあろう。

15.3 人間原理とマルチバース

人間原理は決して「私たちの宇宙」以外に「無数の宇宙」が存在することを「証明」するものではないが，それを（暗黙のうちに）前提としている。宇宙は英語で「universe（ユニバース）」とも呼ばれるが，「uni」はラテン語で「一つ」を表す。これに対して，私たちの宇宙以外に存在する可能性のある数多くの宇宙の集合を指して「multiverse（マルチバー

ス)」と呼ぶことが多い。しかし，マルチバースに対する具体的な定義は曖昧なので，ここでは，米国のマサチューセッツ工科大学の宇宙論学者マックス・テグマーク（1967-）が提唱している四つの異なるマルチバースの概念を紹介しておこう（表15-1）。

表15-1　マックス・テグマークが提唱するマルチバースの4分類

レベル	説明	備考
1	現在観測可能ではない地平線の外側にも，同様のユニバースが無限に存在。その後少しずつ観測可能な領域に入ってくる。	同じ時空上に存在し，同じ法則を持つ無数の有限ユニバースの集合。空間が無限であれば，全く同じ性質のクローンユニバースがこのマルチバース内のどこかに（しかも無限個）実在。
2	無限個のレベル1マルチバースが，原理的にも因果関係を持たないまま，階層的に存在。	異なるマルチバースでは，物理法則が異なる。インフレーションモデルの予言と整合的。
3	量子力学の多世界解釈に対応する無数の時空の集合。	レベル3マルチバース内の異なる時空を放浪する軌跡が私たちのユニバース。
4	異なる数学的構造に対応する具体的な時空は必ず実在。	抽象的な法則は必ず対応する物理的実体を伴う。

　現在の私たちが観測できる宇宙は，光が半径138億年かけて到達できる範囲内に限られる。これが第12章で述べた地平線球である。もちろん，この地平線球の境界は何も特別な場所ではなく，その外にも宇宙は連続的に広がっている（はずである）。この地平線球の内部を，狭い意味での「私たちの宇宙」あるいは「私たちのユニバース」と定義しよう。その外には，同じ体積を持つ地平線球がびっしりと空間を埋め尽くしているはずである。そのようなユニバースの集合をレベル1マルチバースと呼ぶ。

　私たちのユニバースは，そのレベル1マルチバース集合の元，すなわ

ち一例，にすぎない。時間が経過すれば，やがては隣の別のユニバースも観測可能になる。これは私たちのユニバースの空間領域が広がったことに対応する。その意味において，同じレベル1マルチバースに属する異なる元（別のユニバース）同士は，同じ物理法則に従っているし，原理的にはやがて因果関係を持ちうる。

　仮にこのマルチバースの空間体積が無限であるならば，そこには有限体積のユニバースは無限個存在するであろう。さらに，もしも有限体積である私たちのユニバースの性質が有限の自由度で記述し尽くせるのであれば，どこかに私たちのユニバースと全く同じクローンユニバースが実在することになる（無限個のなかに有限個の組み合わせは無限回登場するからである）。これらの仮定が正しいかどうかは自明ではないが，結論としていわゆるパラレルワールドの可能性に対応しているのは興味深い。

　レベル1マルチバースそのものも唯一であるとは限らない。上述のように最終的には互いに因果関係を持ちうる領域をすべてまとめて一つのレベル1マルチバースと定義し，因果関係を共有しない異なるレベル1マルチバースからなる集合を考えてレベル2マルチバースと呼ぼう。互いに因果関係を持たないレベル1マルチバースのそれぞれは，異なる物理法則に支配される（と考えるほうが自然である）。このような状況はなかなか想像し難い。ただ，ブラックホールの内部は決して観測できないことを認めるならば，その内部が私たちのユニバース（あるいは私たちが属するレベル1マルチバース）とは因果関係を持たない別のユニバース（あるいは別のレベル1マルチバース）とつながっている可能性も否定できない。実際，インフレーションモデルによれば，そのような因果関係を持たない領域が次々に生まれる可能性が示されている。

　これらとは違う立場として，量子力学の観測問題と関係したマルチバースの可能性がレベル3である。量子力学の標準となっているコペンハー

ゲン解釈によれば，微視的状態は実際に観測されるまで確定しない。つまり，ある確率に従ってすべての可能性が同時に起こりうるのだが，それはあくまで確率でしかなく何らかの観測によって状態が確定するまではわからないという。量子力学の創始者であるシュレーディンガー（1887-1961）自身が，この不可解な状況を巨視的な状況に発展させて，箱を開けるまで「死んでいるか生きているかわからない」ではなく，「死んでいると同時に生きている」猫の思考実験を提案したことは有名である（シュレーディンガーの猫）。

このコペンハーベン解釈に対して，観測するしないに関わらず，異なる可能性の状態に対応した異なる世界が実在すると主張するのが「多世界解釈」である。この「多世界」がレベル3マルチバースであり，そのなかの異なる「世界」が異なるユニバースに対応しているというわけだ。例えば，過去を振り返って「あの時あそこでその出来事が起こっていなかったら」の類の現実とは異なる可能性はすべて，実際には私たちが住んでいない別のユニバースにおいて実現していることになる。

より過激には，私たちの宇宙を支配している物理法則とは異なる法則の存在を認めるならば，それに対応したそれぞれのユニバースが存在し，それらの集合としてのマルチバースがありうるかもしれない。これがレベル4マルチバースである。この主張はあまりに抽象的すぎて，私もその主張を適切に理解できているかどうかわからないので，興味がある方は，テグマーク氏の著書をお読みいただきたい。

さて，ここで長々とマルチバースの紹介をしたが，自明であるレベル1マルチバース以外については，その実在を主張する意図は全くない。ただ，マルチバースそして人間原理という考えの背景には，「私たちの宇宙は法則に従って必然的に誕生した唯一無二のものである」としてしまうとうまく説明できない不自然な事実があることは強調しておきたい。

例えば宇宙の大きさとして最も自然なサイズを，観測に頼らず物理法則だけで理論的に予測せよ，といわれれば，何と 10^{-33} cm というとてつもなく小さい値になる。これは，重力定数 G，光速 c，プランク定数 h の三つを組み合わせてできる長さの次元を持つ量（$\sqrt{hG/c^3}$）の値で，プランク長さと呼ばれている。現在観測できる領域だけでもそれより 60 桁も大きい私たちのユニバースは，物理法則という観点から考えるときわめて不自然なのである。

第 13 章で述べた宇宙定数もその例だ。これはエネルギー密度の次元を持っているので，同じく G，c，h を組み合わせてできるプランク密度，

$$\sqrt{\frac{c^5}{hG^2}} \approx 5\times 10^{93}\text{g}\cdot\text{cm}^{-3} \tag{15-1}$$

と比べると，何と 120 桁も小さい値になる。にも関わらず 0 ではないという意味において，何らかの奇跡的な「微調整」が働いたのでない限り，自然に理解することは不可能なように思える。

これ以外にも，私たちのユニバースにおいて，奇跡的な微調整のもとに成り立っていると思える不自然な事実が数多く知られている。その奇跡を少しでもやわらげてくれる考え方が「人間原理」なのである。すなわち，「私たちの宇宙は不自然な性質を数多く持つ」→「不自然な宇宙だからこそ普通は考えられない生命誕生が可能となった」→「自然な宇宙では奇跡かもしれない人間の存在は，不自然な宇宙では必然的に説明できる」というわけだ（やや強引かもしれないが）。そして，究極の理論による必然的な説明がいまだ知られていない現時点において，人間原理は私たちのユニバースの持つ不自然さを減らす一つの可能性であることだけは確かだ。

15.4 太陽系外惑星から宇宙生物学へ

さて従来の物理学は主として無生物の「世界」を対象としてきた。例えば，朝永振一郎は「物理学とは何だろうか」(岩波新書，1979) において，物理学を「われわれをとりかこむ自然界に生起するもろもろの現象—ただし主として無生物にかんするもの—の奥に存在する法則を，観察事実に拠りどころを求めつつ追求すること」と定義している。しかし，現在では生物物理学は，物理学における最先端のテーマの一つとなっている。このように物理学は，研究対象を限定するのではなく，それを常に拡大することを通じて進歩するという著しい性格を持つ。

異なる学問分野の融合は，物理学に限らず本質的で，大きなブレイクスルーをもたらす可能性を秘めている。天文学においては，1995 年の太陽系外惑星の発見がまさにその端的な例である。今や，SF や夢物語のレベルではなく，地球以外に生物が存在するのかを科学的に考え，天文学的に探査する可能性まで真剣に検討されるようになった。数十年スケールで考えれば，天文学を飛び越えて科学の中心課題の一つとなることであろう。「無生物の世界」はやがては「生物の世界」へと進化する。これは少なくともこの地球上では真であった。とすれば生物存在の普遍性を問うことなくして「世界」の法則を知ることはありえない。すでに繰返し強調したように，それこそは物理学のゴールの一つなのである。本節では，太陽系外惑星研究，さらには，その先にある宇宙生物学への道を紹介してみたい。

(1) 太陽系外惑星発見史

私たちの太陽以外の星の周りを公転している惑星（以降，太陽系外惑星，あるいは系外惑星と呼ぶ）は存在するのか。これはある意味では，

すでに議論してきた私たち以外の世界は存在するのかという問いにも等しい。マルチバースという意味での私たち以外の宇宙の存在を直接検証することは原理的にも不可能だ。これに対して，太陽系外惑星の存在は原理的にはともかく，実質的には不可能だと長い間信じられていた。その理由は，技術的な観測検出限界もさることながら，（今から考えれば根拠のない）否定的な思い込みがあったからのようだ。

1963 年，太陽系から 2 番目に近い恒星であるバーナード星の位置のふらつきから，その周りの惑星を発見したとの報告がされた。しかしこの「発見」は観測誤差に起因するものだった。また，1989 年には米国のジェフ・マーシーのグループが，1995 年 8 月にはカナダのゴードン・ウォーカーのグループが，それぞれ 4 年間および 12 年間にもわたる長期観測の結果，彼らが選んだ計 80 個程度の恒星の周りには木星のような巨大惑星は検出できなかったと報告した。

しかし，その直後の 1995 年 10 月に開催された国際会議で，スイスのミシェル・マイヨール（1942-）とその学生デディエ・ケロ（1966-）が太陽に似た恒星ペガスス座 51 番星（51 Peg）を周期 4.2 日で公転している巨大惑星（51 Peg b：基本的には，惑星の名前は中心星の名前の後に内側から b, c, d…という記号を付ける慣習となっている）を発見したとの衝撃的な発表を行った（論文は 1995 年 8 月 29 日に投稿され，10 月 31 日に受理，11 月 23 日号の Nature 誌に出版された）。彼らの報告はその後マーシーのグループによって確認され，系外惑星の初発見として広く認知されるに至った。

ただし定義にもよるが，これを系外惑星の「初」発見と呼ぶべきかどうかについては議論がありうる。というのは，1992 年に PSR 1257+12 という名前のパルサー（中性子星）の周りに二つの惑星が存在することが発見されているからだ。パルサーは重い星が進化の最終段階で起こす

超新星爆発の結果残った中性子星であり，その自転周期に対応したきわめて規則正しい電波パルスを放射する（このパルサーの場合，周期は6.2ミリ秒）。周りを公転する惑星が存在すると，このパルサーはその公転周期に同期して位置がわずかに変化する。このために，地上で観測される電波パルスの到達時間も同じく周期的に変動する。この変動成分を取り出すことで，惑星が発見されたのである。しかも，それらは地球質量の4.3倍，3.9倍で，公転周期がそれぞれ66.5日と98.2日という，地球に近い質量を持つ，しかも複数惑星系なのだ。ただし，中心星が中性子星ということは，私たちの太陽系とは全く異なる進化経路をたどって誕生したものだと考えられる。そのため，新たな研究分野を開拓するまでには至らなかった。

これに対して，マイヨールとケロが発見した51Peg bは，中心星が太陽とよく似た恒星であり，太陽系の普遍性・特殊性，さらには生命を宿しうる惑星系を探るというその後の爆発的な研究の起爆剤となった。このため，人類にとっての系外惑星の初発見は1995年の彼らの研究に冠せられることが多い。

（2）バイオシグニチャー

系外惑星研究の最終ゴールをどこに置くかは人によってかなり異なるだろうが，天文学者の大半はやはり地球外生命探査を念頭に置いていると思われる。太陽系内惑星の場合とは異なり，近くとも数十光年先にある太陽系外惑星系に実際に探査機を送り直接サンプルを採取することは絶望的である。とすれば，間接的とはいえ，やはり天文観測によって生命の痕跡を探るしかない。

生命誕生のための必要条件も十分条件もわかっていないものの，地球においては海の存在が本質的であったと考えられている。このため，惑

星表面に液体の水が存在できるような条件を満たす領域をハビタブルゾーン，そこに位置する惑星をハビタブル惑星と呼ぶ（日本語では居住可能と訳されることが多いが，実際の居住可能性とは無関係である。その意味で，英語そのものが不適切というべきだ）。ごく大雑把には，中心星の光度と惑星の軌道半径から，その位置での惑星の表面温度は推定できる。その値が摂氏 0–100℃ の範囲となる領域がハビタブルゾーンというわけである。ただ実際には，大気の組成と温室効果，惑星の気候と自転軸の傾きなどを考慮する必要があり，大きな不定性を伴う。

　現在の太陽の場合，ハビタブルゾーンは（研究者によって値は異なるが）甘く見積もって 0.7–1.4au の範囲だと考えられる。しかし，恒星進化を考慮すると，今から 46 億年前の太陽は現在の 7 割程度の光度しかなかったはずだ。したがって，当時のハビタブルゾーンはより内側の 0.56–1.13au となり，0.7–1.13au の範囲に軌道を持つ惑星だけが，46 億年の間ずっとハビタブルゾーンにあったことになる。このより狭い領域を永続的ハビタブルゾーンと呼ぶ。

　（地球外）生命の存在を示す指標はバイオシグニチャーと呼ばれている。系外惑星に対する常識的なバイオシグニチャーとしては，大気のスペクトルに見られる酸素やオゾン，メタンといった大気分子が考えられる。少なくともこの地球においては，これらの分子はすべて生物活動に由来すると考えられているからだ。ハビタブルゾーンに存在する地球型惑星の大気分光を通じたバイオシグニチャー探査には，現在は不可能なより中心星に近い惑星の直接撮像が前提で，さらなる技術の向上が不可欠である。

　分光観測は，バイオシグニチャーに限らず，惑星大気の組成を決定するという意味において重要である。しかしながら，地球以外の惑星の大気分子のどれが本当に生物由来なのか突き止めるのは至難の業である。

その意味でより広く相補的なバイオシグニチャーを模索する必要性は高い。

地球上の植物の葉は，その反射率が波長 $0.75\mu m$ 以上で急激に上昇するという普遍的な特徴（レッドエッジと呼ばれている）を持っている。その特徴をバイオシグニチャーとして利用する可能性も研究されている。遠方から地球を観測したとすれば，観測分解能の限界のために単なる点にしか見えない。当然その表面の様子を分解することは不可能である。しかし地球は 24 時間周期で自転しているので，その見かけ上の色は時間変化する。ゆっくり回る地球儀を遠くから眺めた場合と同じく，その表面分布は直接わからずとも，こちら側にサハラ砂漠，太平洋，アマゾンのジャングルなどのどの地域がくるかによって，微妙に赤みがかったり，緑っぽくなったり（赤外線まで観測波長帯を広げればレッドエッジのために「真っ赤」と形容すべきだが）といった色の変化が生まれる。それを詳細に観測すれば，空間的には単なる「ドット」にすぎずとも，その表面に，海，大陸，森林，氷，雲など成分がどの割合で存在するかが推定できる。

少なくとも我が地球においては，「海」は生命誕生に本質的役割を果たしたと信じられている。また，森林は宇宙から見て一番わかりやすい「生命」存在の証拠である。これらが検出されれば「地球以外に生命が存在するか」への科学的解答（の第一歩）となるはずだ。

15.5 宇宙を知り世界を問う

私たちの地球と全く同じ「もう一つの地球」が宇宙のどこかにあったとしても，それを空間的に分解することは不可能である。実際，ボイジャー 1 号が撮影した我が地球の画像（図 15-1, 口絵 24）は，カール・セーガン（1934-1996）によってペイル・ブルー・ドットと名付けられ，

図 15-1　ボイジャーが撮影したペイル・ブルー・ドット
（出所）　NASA

宇宙における地球の立ち位置を考えさせてくれると同時に，科学的には「もう一つの地球」の観測がいかに困難かを示している。そして，その解明は天文学的なリモートセンシング以外にはない（ただし，高度知的文明が地球に向けて何らかの信号を送ってくる場合は別である）。

　2016 年に，太陽系から 4.25 光年離れた最も近い恒星，プロキシマ・ケンタウリの周りにハビタブル惑星（プロキシマ b）が発見された。さらに，プロキシマ b は質量が地球の 1.3 倍の岩石惑星で，その公転周期から考えてハビタブルゾーンにある可能性が指摘されている。

　実はその発表以前の 2015 年，プロキシマ・ケンタウリに探査機を送るプロジェクトがすでに発足していた。これはロシア出身の大富豪であるユーリ・ミルナー（1961-）が立ち上げたもので，ブレイクスルー・イニシャティブと名付けられている。このプロジェクトは三つの独立した計画からなっており，その一つがプロキシマ・ケンタウリに超ミニ探査機「スターチップ」を送るブレイクスルー・スターショット計画だ。

　スターチップとは，2cm×2cm 程度の大きさのチップ上にカメラ，コ

ンピューター，交信用レーザーなどを搭載した重さ数グラムの探査機を指す．これらが約 1000 機，宇宙に打ち上げられた母船から放出された後，各々に結び付けられた 4m×4m の帆が広げられる．この帆に向けて地上の施設からレーザーが発信され，約 10 分で光速の 5 分の 1 程度の速度にまで加速される．成功すれば，約 20 年でそれらのある割合が首尾よくプロキシマの近くまで到達し，そこから見える風景を地球に届けてくれるはずだ．

　といってもそのために必要な技術はまだ存在しておらず，その検討と開発のための初期費用として，ミルナーは約 100 億円を提供した．最終的な完成には今後 20 年の開発期間と 1 兆円以上の経費が必要だとされている．このブレイクスルー・スターショット計画が順調に進めば，2040 年頃に打ち上げ，その 20 年後にプロキシマ b を撮影，さらにその 4 年後には地球に観測データが届くはずだ．ひょっとすると，そこにペイル・ブルー・ドットを超える何かが写っているかもしれない．今から約 50 年後を楽しみに待ちたい．

　宇宙の果ての観測から，宇宙を支配する物理法則を突き止める．私たちの宇宙が持つ不思議さを認識し，別の宇宙の存在に思いを馳せる．太陽系外惑星系を観測し，宇宙における生命誕生と進化の普遍性を考える．これらは決して個別の天体の諸性質の解明といったレベルではなく，新たな世界観の開拓につながるはずだ．宇宙を知り，さらにその先の世界を問う．宇宙論，天文学，物理学とはそのような学問である．

補遺1　天文学で用いられる特有な単位

　本節では天文学でよく用いられる天体までの距離や天体の等級などの概念を補遺的に説明しておく。必ずしも本書を読む際に必須の事項ではないが，天文学における常識に親しんでおいて欲しい。

(1) 天体までの距離

光年　1光年は光が1年間に進む距離である。光の（真空中での）スピードは29万9793km s^{-1}で，1年としてユリウス年 = 365.25日を採用すると

$$1\text{光年} = 29\text{万}9793\text{km s}^{-1} \times 365.25\text{日} = 9.46\text{兆 km}$$

を得る（国際天文学連合による値は$9.460730472580800 \times 10^{15}$m）。

パーセク（pc）　天体までの距離を測る場合，天文学で一般に用いられる単位はパーセク（pc）である。これは，三角測量を応用した距離の単位で，図 A1-1 のように年周視差 P を用いる。P は観測する恒星から太陽と地球を見込む角度である。恒星と太陽および地球までの距離をそれぞれ d と a とすると，

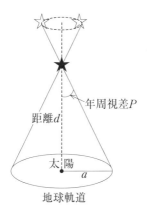

図 A1-1　年周視差の概念

$$\tan P = a/d \tag{A1-1}$$

なので，

$$d = a/\tan P \tag{A1-2}$$

を得る。$P = 1$ 秒角（1/3600 度）の場合，

$$d = 3 \times 10^{16} \text{m} = 3.26 \text{ 光年}$$

になるが，これを 1 パーセク（pc）と定義する（国際天文学連合による値は $3.085677581 \times 10^{16}$ m）。

なお，この方法で天体までの距離を測定しようと考案したのは，第3章で紹介したティコ・ブラーエ（1546-1601）である。ただ，当時は年周視差を正確に測定する技術（望遠鏡を用いる精密位置測定）は準備できていなかったので，この方法は実用には至らなかった。

(2) 天体の等級

次に等級（magnitude）の定義について説明する。

見かけの等級 (m)　こと座の α 星（ヴェガ［Vega］，織姫星）の見かけの等級を各バンドで 0 等級とする。ちなみに正確な数字を示すと 550nm（ナノメートル $= 10^{-9}$ m）での輻射強度は，

$$3.4 \times 10^{-9} \text{ erg cm}^{-2} \text{ s}^{-1} \text{ Å}^{-1}$$

になる。ここで Å はオングストローム（10^{-8} m）である[87]。

これより，1/2.5 の明るさが 1 等級，さらに 1/2.5 の明るさになると 2 等級というように定義される（5 等級で 100 倍の明るさの差があるので，精確には 1/2.512）。例えば，V バンドでの見かけの明るさが 10 等級の場合は $V = 10$ というように表す。等級は数字が小さいほうが明るいことに注意。

絶対等級 (M)　天体を 10pc の距離に置いたときの明るさを絶対等級 M として定義する。見かけの等級 m とは次式で関係付けられる。D は pc

---

[87] 可視光天文学では伝統的にオングストローム（10^{-8} m）を波長の単位として使ってきたが，cgs 単位系ではなく MKSA 単位系の使用が標準的になってきた現在では nm を使うことが多くなってきている。しかしながら，天文学関係の学術論文ではいまだに cgs 単位系やオングストロームが使われている。

単位で測った銀河までの距離である．
$$M = m - 5 \log(D/10) \tag{A1-3}$$
この式を，
$$m - M = 5 \log(D/10) \tag{A1-4}$$
と変形すると，見かけの等級と絶対等級の差が天体までの距離に一意的に対応する．そのため $m-M$ は距離指数（distance modulus）と呼ばれる．

等級と光度の関係 見かけの等級は測定された輻射強度 f と，
$$m = -2.5 \log f + 定数 \tag{A1-5}$$
という関係がある．ここで，定数はどのような等級基準をとるかで決まる．これと同様に絶対等級は天体の光度 L と，
$$M = -2.5 \log L + 定数 \tag{A1-6}$$
という関係がある．太陽の場合にも，
$$M_\odot = -2.5 \log L_\odot + 定数 \tag{A1-7}$$
という関係がある（$M_\odot$ はここでは太陽質量と同じ記号になっているが，太陽の絶対等級であることに注意）．これら2式を差し引くと，
$$M - M_\odot = -2.5 \log(L/L_\odot) \tag{A1-8}$$
となり，これを変形すると，
$$L/L_\odot = 10 - (M - M_\odot)/2.5 \tag{A1-9}$$
という関係式が得られる．

AB等級 ヴェガ等級はヴェガのスペクトルエネルギー分布に依存する等級の定義になっている．また，実際の観測では輻射流速密度（フラックス，flux）を測定するので，フラックス・ベースの等級のほうが扱いやすい．そのため，最近では，以下で定義されたフラックス・ベースのAB等級というシステムが用いられることが多い．
$$AB = -2.5 \log f_\nu - 48.60 \tag{A1-10}$$
ここで f_ν は輻射流速密度で単位は $\mathrm{erg\ s^{-1}\ cm^{-2}\ Hz^{-1}}$ である．これを

表 A1-1　可視光から赤外域でよく使われる波長帯

波長帯（バンド）	説明(注)	中心波長（ミクロン）
U（Ultraviolet）	可視光/近紫外	0.36
B（Blue）	可視光/青	0.44
V（Visual）	可視光/可視	0.55
R（Red）	可視光/赤外	0.70
I（Infrared）	可視光/赤外	0.90
J	近赤外	1.25
H	近赤外	1.60
K	近赤外	2.20
L	近赤外	3.40
M	中間赤外	5.00
N	中間赤外	10.2
Q	中間赤外	22

(注) UからIまでは可視光で，意味のある帯域（バンド）名が付けられている．しかし，J以降はアルファベット順に名前が付けられている．ちなみに，Iバンドは赤外とあるが，可視光帯の中で最も赤外線に近い"可視赤外"という意味である．

f_ν について解くと，

$$f_\nu(\mathrm{Jy}) = 3631 \times 10^{-0.4\mathrm{AB}} \qquad (\mathrm{A1\text{-}11})$$

と表せる．ここで Jy（ジャンスキー）は 10^{-23} erg s^{-1} cm^{-2} Hz^{-1} である．この形式を見てわかるとおり，AB等級は3631 Jyのフラットなスペクトルを持つ天体の等級を周波数に関わらず0等級にするものである．この簡単な定義により，さまざまな透過曲線を持つフィルターに対しても容易に等級を求めることができるようになった．

波長帯（バンド）　天体の見かけの等級を測定する場合，ある波長帯だけ

を通すフィルターが用いられる。表 A1-1 によく用いられる観測波長帯を示す。

星間ガスによる吸収　天体から放射された電磁波は星間ガスを通過する時にダストによる散乱や吸収のために，一般に減光を受ける。この現象を星間吸収（interstellar extinction あるいは interstellar reddening）と呼ぶ。ここで reddening（赤化）という言葉を使うのは，青い光（波長の短い光）のほうが余計に吸収を受け，星間吸収の影響で天体の色が赤くなるためである。例えばレーリー（Rayleigh）散乱の場合（ダストのサイズが光の波長に対して十分小さい場合の散乱）は，散乱断面積は波長の－4乗に比例するので，波長の短い光のほうが余計に散乱される。

　星間吸収量は等級で表される。吸収を受けない場合の天体からの放射強度（f_0）と吸収を受けたときの天体からの放射強度（f）に対応する天体の等級を m_0 および m とすると，吸収量 A は波長 λ の関数として，

$$A(\lambda) = m - m_0 = -2.5 \left[\log f(\lambda) - \log f_0(\lambda)\right] \quad (A1\text{-}12)$$

で表される。ここで，星間物質による吸収は光学的な厚さ $\tau(\lambda)$ を導入すると，

$$f(\lambda) = f_0(\lambda) e^{-\tau(\lambda)} \quad (A1\text{-}13)$$

となり，これから，

$$A(\lambda) = 1.0857 \tau(\lambda) \quad (A1\text{-}14)$$

という関係を得る。光学的な厚さ $\tau(\lambda)$ は星間ガスによる吸収量を視線にそって積分したものになる。

　星間吸収の量は可視光の V バンド（重心波長 550nm）で表すのが一般的である。ダストが水素原子ガスとよく混ざって存在し，ダストと水素原子ガスの質量比が 1：100 程度の標準的な星間ガスの場合，$A(V) = 1$（あるいは $A_V = 1$ と表記）等級は水素原子ガスの柱密度が約 $1.5 \times 10^{21} \text{cm}^{-2}$ の場合に相当する。

補遺2　宇宙論的赤方偏移

　天文学で用いられる「赤方偏移（redshift）」という用語は宇宙膨張と関連した現象である。しかし,「赤方偏移」を言葉どおりに解釈すると, 電磁波を放射する物体が観測者に対して遠ざかる相対運動に起因して観測する波長が長いほう（すなわち赤いほう）にずれる現象であると考えてしまう。例えば, 私たちから遠ざかっていく救急車のサイレンの音が低く（つまり, 波長が長く）なることと同じだと考えてしまうことである（この現象はドップラー効果で理解されている）。ところが遠方の銀河からやってくる電磁波が赤方偏移を示すのは, その銀河自身が空間のなかを運動しているためではない。銀河の存在する宇宙全体が膨張しているため, 宇宙のある異なる座標（位置）に張り付いている銀河同士は, それら自身は運動していないが, 相対速度を持つように観測される。そこで一般的な意味での赤方偏移と区別するために, 宇宙膨張による赤方偏移を宇宙論的赤方偏移（cosmological redshift）と区別して呼ぶ。いま一度まとめておくと, 遠方の銀河で放射された電磁波（放射波長 λ_e）を観測すると（観測波長 λ_o）, 宇宙が膨張した割合だけ波長が伸びることになる。この放射波長からの伸びの割合が宇宙論的赤方偏移と定義される。

　宇宙膨張を評価するためにスケール因子 a を導入する。この因子はある時刻 t における長さの指標であり, 任意の値でかまわない。ある銀河から $t=t_e$ の時刻に放射された電磁波を $t=t_o$ で観測するとしよう。これら二つのエポックでのスケール因子はそれぞれ $a(t_e)$ と $a(t_o)$ と表せる。放射波長 λ_e と観測波長 λ_o の比はスケール因子の比に等しいので,

$$\lambda_o/\lambda_e = a(t_o)/a(t_e) \tag{A2-1}$$

となる。宇宙論的赤方偏移の定義は放射波長からの伸びの割合なので,

$$z = (\lambda_o - \lambda_e)/\lambda_e = \lambda_o/\lambda_e - 1 \qquad (A2\text{-}2)$$

したがって，

$$1 + z = a(t_o)/a(t_e) \qquad (A2\text{-}3)$$

の関係を得る。

　ハッブルの法則に現れるハッブル定数は宇宙の膨張率を意味するので，スケール因子を用いると，

$$H(t) = [da(t)/dt]/a(t) \qquad (A2\text{-}4)$$

で定義される。ここである一つの銀河に着目する。ある時刻 t_0 におけるその銀河までの距離を r_0 とすると，時刻 t におけるその銀河までの距離 $r(t)$ は，

$$r(t) = a(t)\, r_0 \qquad (A2\text{-}5)$$

である。この関係から次式を得る。

$$dr(t)/dt = da(t)/dt\, r_0 \qquad (A2\text{-}6)$$

　(A2-5) と (A2-6) を (A2-4) に代入すると，

$$H(t) = [dr(t)/dt]/r(t) \qquad (A2\text{-}7)$$

ここで，$dr(t)/dt = v(t)$ なので，

$$v(t) = H(t)\, r(t) \qquad (A2\text{-}8)$$

の関係を得るが，これがハッブルの法則である（第3章，第12章参照）。

　次に宇宙論的赤方偏移から銀河までの距離を評価することを考えてみよう。現在の宇宙で銀河を観測する場合，ハッブル定数は現在の値であることを明示するために添字0が付き，H_0 で表されるので (A2-8) は，

$$v = H_0\, r \qquad (A2\text{-}9)$$

となる。したがって，銀河までの距離 r は，

$$r = v/H_0 \qquad (A2\text{-}10)$$

で評価される。$H_0 = 70\,\mathrm{km\ s^{-1}\ Mpc^{-1}}$ なので，観測された視線速度が $v = 7000\,\mathrm{km\ s^{-1}}$ の場合，その銀河までの距離は100Mpcであることがわか

る。ただし，以下の議論からわかるように，この関係から銀河までの距離をある程度正確に決めることができるのは比較的近傍の宇宙にある銀河に対してだけである（$z<0.1$ の範囲[88]）。

　ここで，銀河で放射されたときの電磁波の波長 λ_e と観測したときの波長を λ_o, との差（宇宙膨張のために伸びた波長）を $\Delta\lambda$ とすると，

$$\lambda_o = \lambda_e + \Delta\lambda \tag{A2-11}$$

この式を λ_e で割ると，

$$\lambda_o/\lambda_e = 1 + \Delta\lambda/\lambda_e \tag{A2-12}$$

となる。(A2-2) 式と比較すると，この式の右辺第 2 項が赤方偏移 z である。

$$z = \Delta\lambda/\lambda_e \tag{A2-13}$$

宇宙膨張の影響は比較的近傍の宇宙では観測する銀河が銀河系から離れていく速度 v に比例し，

$$z = \Delta\lambda/\lambda_e = v/c \tag{A2-14}$$

の関係がある。ここで c は光の速度である。

　なお，赤方偏移と宇宙年齢の関係は，採用する宇宙論モデルに依存する。さまざまな宇宙論パラメータに対する宇宙年齢を評価するツールは NASA Extragalactic Database（NED）で提供されているので，必要に応じて利用されたい。

　一例を表 A2-1 に示しておいたので参考にしてほしい。
URL：http://ned.ipac.caltech.edu

---

[88] 宇宙膨張の影響より，局所的な銀河の運動が勝っている場合は（アンドロメダ銀河などの局所銀河群に属している銀河），ハッブルの法則は銀河の距離測定には使えない。

表 A2-1 赤方偏移 z と宇宙年齢の関係

赤方偏移 z	宇宙年齢（億年）
0.1	124.6
0.2	112.9
0.3	102.7
0.4	93.8
0.5	85.9
0.6	79.1
0.7	73.0
0.8	67.6
0.9	62.8
1	58.5
2	32.7
3	21.4
5	11.7
10	4.7
20	1.8
30	0.9

年齢はハッブル定数 $H_0 = 67.3 \mathrm{km\ s^{-1}\ Mpc^{-1}}$, 物質密度パラメータ $\Omega_\mathrm{m} = 0.315$, 宇宙定数パラメータ $\Omega_\Lambda = 0.685$, および平坦な宇宙の場合の値である（表 13-1 参照）。これらのパラメータを採用した場合の現在の宇宙年齢は 138.1 億年である。計算には NED の Cosmology Calculator で提供されている Ned Wright 氏作成のツールを使用した；http://www.astro.ucla.edu/%7Ewright/CosmoCalc.html。なお，宇宙論で 138 億光年という場合，光が 138 億年かけて到達する長さではなく，その天体が今から 138 億年前にあることを示していることに注意されたい。

参考書・参考文献

1. **天文学全般に関する参考書**
   - 「人類の住む宇宙」第2版　岡村定矩・池内了・海部宣男・佐藤勝彦・永原裕子編（シリーズ現代の天文学[89] 1，日本評論社，2017）
   - 「ものの大きさ－自然の階層・宇宙の階層」須藤靖（東京大学出版会，2006）

2. **天文学に関する事典**
   - 「天文学事典」岡村定矩編（シリーズ現代の天文学別巻，日本評論社，2012）
       この辞典に関しては，『インターネット版天文学辞典』 http://astro-dic.jp で閲覧することができる。これは書籍版を元にしたものであるが，増補改訂版であり，内容の改訂は継続的に行われているので最新の情報を得ることができるように配慮されている。
   - 「新・天文学事典」谷口義明編（ブルーバックス，講談社，2013）
   - 「理科年表」国立天文台編（丸善出版，毎年発行）

3. **物理学に関する参考書**
   - 「初歩からの物理」岸根順一郎・米谷民明（放送大学教育振興会，2016）
   - 「物理の世界」岸根順一郎・松井哲男（放送大学教育振興会，2017）
   - 「量子と統計の物理」米谷民明・岸根順一郎（放送大学教育振興会，2015）
   - 「物理学」小出昭一郎（裳華房，1997）

4. **宇宙論に関する参考書**
   - 「宇宙論1」第2版　佐藤勝彦・二間瀬敏史編（シリーズ現代の天文学2，日本評論社，2012）
   - 「宇宙論2」二間瀬敏史・池内了・千葉柾司編（シリーズ現代の天文学3，日本評論社，2007）
   - 「宇宙論の物理　上」松原隆彦（東京大学出版会，2014）
   - 「宇宙論の物理　下」松原隆彦（東京大学出版会，2014）
   - 「現代宇宙論－時空と物質の共進化」松原隆彦（東京大学出版会，2010）
   - 「数学的な宇宙　究極の実在の姿を求めて」マックス・テグマーク著，谷本真幸訳（講談社，2016）

5. **銀河に関する参考書**
   - 「銀河1［第2版］」谷口義明・岡村定矩・祖父江義明編（シリーズ現代の天文学4，日本評論社，2018）

---

[89] シリーズ現代の天文学は順次第2版の出版が予定されているので，購入の際には版を確認するようにしていただきたい。

- ｢銀河2｣祖父江義明・有本信雄・家正則編（シリーズ現代の天文学5，日本評論社，2007）
- ｢銀河進化論｣塩谷泰広・谷口義明（プレアデス出版，2009）
- ｢銀河進化の謎｣嶋作一大（UT Physics 第4巻，東京大学出版会，2008）
- ｢銀河 その構造と進化｣Steven Phillipps著，福井康雄監訳・竹内努訳（日本評論社，2013）
- ｢多波長銀河物理学｣Alessandro Bosselli著，竹内努訳（共立出版，2017）
- ｢ブラックホール天文学｣嶺重慎（新天文学ライブラリー 第3巻，日本評論社，2016）

6．恒星に関する参考書
- ｢恒星｣野本憲一・定金晃三・佐藤勝彦編（シリーズ現代の天文学7，日本評論社，2009）
- ｢星間物質と星形成｣福井康雄・犬塚修一郎・大西利和・中井直正・舞原俊憲編（シリーズ現代の天文学6，日本評論社，2008）
- ｢ブラックホールと高エネルギー現象｣小山勝二・嶺重慎編（シリーズ現代の天文学8，日本評論社，2007）

7．宇宙の観測に関する参考書
- ｢宇宙の観測1｣第2版 家正則・岩室史英・舞原俊憲・水本好彦・吉田道利編（シリーズ現代の天文学15，日本評論社，2017）
- ｢宇宙の観測2｣中井直正・坪井昌人・福井康雄編（シリーズ現代の天文学16，日本評論社，2009）
- ｢宇宙の観測3｣井上一・小山勝二・高橋忠幸・水本好彦編（シリーズ現代の天文学17，日本評論社，2007）

8．宇宙生物学に関する参考書
- ｢宇宙生物学入門｣P. ウルムシュナイダー著，須藤靖・田中深一郎・荒深遊・杉村美佳・東悠平訳（World Physics Selection，丸善出版，2012）
- ｢宇宙生命論｣海部宣男・星元紀・丸山茂徳編（東京大学出版会，2015）

9．関連する放送大学印刷教材
- ｢初歩からの宇宙の科学｣吉岡一男（放送大学教育振興会，2017）
- ｢太陽と太陽系の科学｣谷口義明（放送大学教育振興会，2018）

索引

●配列は50音順. ※は人名を示す

●数字・英字・ギリシャ文字

1/4乗則　126
2点相関関数　201
51 Peg b　273
Ⅰa型超新星　114
Ⅰb型超新星　114
Ⅰc型超新星　114
Ⅱb型超新星　114
Ⅱ型超新星　114
CDM　61
CfA銀河サーベイ　230
CNOサイクル　94
$Dn-\sigma$関係　140
GZK限界　39
HⅡ（エイチツー）領域　70
HSC　129
L^*　129
p–pチェーン　93
r（rapid）-過程　25, 118
SDSS（Sloan Digital Sky Survey）　230
s-過程　117
X線バースト　110
$\alpha\beta\gamma$理論　229

●あ　行

アインシュタイン・ドジッターモデル　223
青い雲（blue cloud）　132
赤い系列（red sequence）　132
天の川　49
アルゴルパラドックス　108
暗黒星雲　70
いて座ストリーム　51
イレム　228
色　130

色指数　82
色-等級図　131
色-星質量関係　131
隕石　38
インフレーション　44, 55, 247
ウォルフ・ライエ星　105
宇宙　263, 264
宇宙項　239
宇宙線　39
宇宙定数　223, 237, 239
宇宙ニュートリノ背景放射（CNB，$C\nu B$）　41
宇宙年齢　233
宇宙の暗黒時代　55
宇宙の加速膨張　231
宇宙の曲率　236
宇宙の再電離　189
宇宙の組成　236
宇宙の晴れ上がり　215, 260
宇宙マイクロ波背景放射（CMB）　215
宇宙論パラメータ　233
エディントン限界光度　166
エドウィン・ハッブル※　52, 208
円盤銀河　124
円盤モード　137
おうし座T型星　73
大型ハドロン衝突型装置（LHC）　43
オールトの雲　18

●か　行

回転曲線　138
火球　38
核爆発型超新星　114
渦状銀河　124

ガスの剥ぎ取り　155
褐色矮星　94
活動銀河　140
活動銀河核　140
活動銀河核の統一モデル　141
活動銀河中心核　140
ガリレオ・ガリレイ※　207
カール・セーガン※　276
環境　145
環境効果　146
ガンマ線バースト　184
擬似バルジ　127
輝線星雲　70
基本平面　140
究極の理論（Theory of Everything）　266
吸収線　34
狭輝線領域　141
狭帯域フィルター　189
強電波クェーサー　143
共動座標系　225
局所銀河群　145
極超新星（ハイパーノバ）　114
巨星　84
巨大惑星　74
許容線　140
銀河　20
銀河合体（dry merger）　154
銀河間空間　22
銀河間物質　22
銀河群　21
銀河系（天の川銀河）　18, 49
銀河相互作用　151
銀河団　21, 145
銀河団の存在量（アバンダンス）　159
銀河とブラックホールの共進化　174
銀河の化学進化　133

禁制線　140
近接連星　108
空間曲率　223
クェーサー　140
クォーク　14, 57
グルーオン　14
クーロンバリア　93
形態　124
形態密度関係（morphology-density relation）　146
原子　56
原始銀河団　190
原始星　72
原始ブラックホール（primordial black hole）　178
原始惑星系円盤　74
減衰ライマンα吸収線系　23
元素　24
高温プラズマ　147
広輝線領域　141
恒星　18, 48
恒星質量ブラックホール（BH）　13, 161
高速度星　120
降着円盤　109, 164
光度関数の膝（knee）　129
黒体放射　29
古典新星　110
古典的バルジ　127
コペルニクス的転回　48
固有座標系　225
孤立銀河　20

●さ　行

サイクリック宇宙論　64
再結合　259
サブミリ波銀河（Submillimeter galaxies,

SMG）　194
ジェット　73
シェヒター関数　129
磁気モノポール問題　251
自然界のウロボロス　261
実視連星　107
質量関数　175
質量欠陥　92
質量交換　108
質量降着率　164
質量－光度関係　86
質量－光度比（M/L 比）　129
質量スペクトル　175
湿った合体（wet merger）　151
弱電波クェーサー　143
自由－自由放射　31
重水素の合成　257
重力波　43
重力崩壊型超新星　112
縮退状態　99
主系列星　73, 84
種族I　120
種族II　120
種族III　121
受動的な色進化　131
シュバルツシルト半径　167
順位反転　34
状態方程式パラメータ　240, 241
食連星（食変光星）　107
ジョージ・ガモフ＊　227
初代星　55
ジョルジュ・ルメートル＊　211
シンクロトロン放射　31, 106
振動宇宙論　64
塵粒子（ダスト）　18, 131, 153, 191
水平分枝　100

スケール因子　223
スケール長　126
スペクトル型　82
スペクトル線（輝線）　31
スローン・デジタル・スカイサーベイ
　（SDSS）　128
星間ガス　18, 36, 70
星間物質　19, 70
静止系紫外線　183
セイファート銀河　140
世界　263, 264
赤化　131
赤外超過（IRX）　195
赤色巨星　98
赤色超巨星　98
セルシック（Sersic）指数　127
漸近巨星分枝　102
線形バイアス　201
相対論的一様等方宇宙モデル　222
掃天観測　183
ソース・コンフュージョン限界　193
素粒子　57

●た　行

大規模構造　123
太陽系　16, 47
太陽系外惑星（系外惑星）　272
太陽系小天体　16, 38
太陽コロナ　18
太陽ニュートリノ　94
対流　88
ダウンサイジング　203
楕円銀河　124
ダークエネルギー（暗黒エネルギー）　12,
　25, 56, 62, 239
ダークマター（暗黒物質）　12, 19, 41, 59,

238
ダークマター・ハロー 19
多色撮像観測 185
種ブラックホール 179
たまねぎ構造 104
タリー・フィッシャー関係 139
地球 16, 46
地球近傍天体（NEO） 38
地動説 48, 208
地平線 217
地平線球 217
地平線問題 249
チャンドラセカール限界 103
中間質量ブラックホール（IMBH） 13, 171
中性子星 106
中性微子 40
超エディントン降着 172
超巨星 84
超銀河団 22, 145
超高光度X線天体（ULX） 172
超高光度赤外線銀河（ULIRG） 137
超高速アウトフロー（UFO） 178
長周期彗星 17
超新星残骸 107
超新星爆発 105
超大質量ブラックホール（SMBH） 13, 162
超長基線干渉計（VLBI） 168
超臨界降着 172
直接崩壊（direct collapse） 180
冷たい降着（cold accretion） 199
強い力 58
鉄のKα輝線 141
鉄の光分解 112
電子縮退 99

電磁波 28
電子捕獲 112
天動説 47, 208
電波銀河 141
電離ガス（プラズマ） 18
動圧（ラム圧） 155
ドゥ・ボークルール則 126
ドップラー法（視線速度法） 75
トランジット法 76
ドロップアウト 185
トンネル効果 93

●な 行

ニュートラリーノ 43
ニュートリノ 40
ニュートン力学的膨張宇宙モデル 219
人間原理 267
熱制動放射 30
熱（的）放射 29
熱パルス 102

●は 行

バイオシグニチャー 275
白色矮星 84, 103
バースト・モード 137
ハッブル宇宙望遠鏡（HST） 22, 28
ハッブル定数 53, 208, 233
ハッブルの音叉図 124
ハッブルの法則 53, 209
ハッブル・フロンティア領域（Hubble Frontier Field） 150
ハッブル分類 124
ハドロン 14
ハビタブルゾーン 275
ハビタブル惑星 275
ハービッグ Ae/Be 型星 73

ハービッグ・ハロー天体　73
林忠四郎※　229
林フェイズ　72
パラレルワールド　269
バリオン　14
ハリソン・ゼルドヴィッチスペクトル　251
パルサー　106
反射星雲　70
微調整　271
ビッグ・クランチ　64
ヒッグス粒子　14
ビッグバン　228, 248
ビッグバン元素合成　229
ビッグバン元素合成理論　258
ビッグバンモデル　53
ビッグ・フリーズ　63
ビッグ・ブルーバンプ　140
ビッグ・リップ　64
非熱（的）放射　29
比星生成率（sSFR）　138
ビリアル半径　199
微惑星　74
フィードバック　175
フェーバー・ジャクソン関係　140
不規則型銀河　124
負のK補正効果　193
負の圧力　241
負のフィードバック　95, 175
フラウンホーファー線　34
ブラックホール　13, 63, 106
ブラックホール・シャドウ　168
プランク長さ　271
フリードマン方程式　223
ブレイクスルー・スターショット計画　274
ブレーク　184
ブレーザー　141

プレス・シェヒター理論（Press-Schechter model）　201
プロキシマ・ケンタウリ　277
分光連星　107
分子アウトフロー　177
分子雲　71
分子雲コア　71
平坦性問題　250
ペイル・ブルー・ドット　276
ヘニエイ収縮　72
ヘリウムシェルフラッシュ　102
ヘリウムの合成　257
ヘリウムフラッシュ　99
ヘルツシュプルング・ラッセル図（HR図）　84
ボイド　22
棒渦状銀河　124
放射　88
放射圧　166
放射線　39
星質量　129
星質量−金属量関係　133
星生成銀河の主系列　137
星生成率　135
星生成率密度　182
星生成率面密度　135
ホットジュピター　75

● ま　行
マイクロクェーサー　109
マイクロレンズ法　78
マヨナラ粒子　40
マルチバース　11, 267
マルチメッセンジャー天文学　45
密度超過領域　190
密度パラメータ　235

密度ゆらぎ　261
密度ゆらぎ問題　251
緑の谷（green valley）　132
脈動変光星（ミラ型変光星）　102
ミリ秒パルサー　109
メーザー　32
メソン　14

●や 行

有効半径　126
誘導放射　34
陽子・中性子比の凍結　257
四つの相互作用の統一理論　252
四つの力　252

●ら 行

ライマンα輝線銀河（Lyman Alpha Emitter, LAE）　189
ライマンαの森　23
ライマンブレーク　184

ライマンブレーク銀河（Lyman Break Galaxies, LBG）　185
ライマンブレーク法　183
リサイクルパルサー　109
流星　38
流星雨　38
臨界密度　237
レーザー干渉計型重力波天文台（LIGO）　44
レッドエッジ　276
レプトン　14
レベル1マルチバース　268
レベル2マルチバース　269
レベル3マルチバース　270
レベル4マルチバース　270
連銀河　21

●わ 行

矮新星　110
惑星状星雲　103

分担執筆者紹介

山岡　均（やまおか　ひとし）
・執筆章→ 4・5・6・7

1965 年　愛媛県松山市に生まれる
1988 年　東京大学理学部天文学科卒業
1992 年　東京大学大学院理学系研究科天文学専攻博士課程中退
現在　　国立天文台天文情報センター広報室長・准教授　博士（理学）
専門　　超新星，時間変動する天体
主な著書　「君も新しい星を見つけてみないか」（実業之日本社，2006）
　　　　「大宇宙 101 の謎　改訂版」（河出書房新社，2015）ほか

河野孝太郎（こうの　こうたろう）
・執筆章→ 8・9・10・11

1969 年　東京都日野市に生まれる
1992 年　東北大学理学部天文学及び地球物理学科第一卒業
1998 年　東京大学大学院理学系研究科天文学専攻博士課程修了
現在　　東京大学大学院理学系研究科天文学専攻教授　博士（理学）
専門　　電波天文学，銀河天文学
主な著書　「天文学への招待」（執筆分担）（朝倉書店，2001）
　　　　「銀河 1　銀河と宇宙の階層構造」第 2 版（執筆分担）（日本評論社，2018）

（執筆の章順）

須藤　靖（すとう　やすし）

・執筆章→ 12・13・14・15

1958 年　高知県安芸市に生まれる
1981 年　東京大学理学部物理学科卒業
1986 年　東京大学大学院理学系研究科物理学専攻博士課程修了
現在　　東京大学大学院理学系研究科物理学専攻教授　理学博士
専門　　宇宙論，太陽系外惑星
主な著書　「ものの大きさ」（東京大学出版会，2006）
　　　　「解析力学・量子論」（第 2 版）（東京大学出版会，2019）
　　　　「一般相対論入門」（改訂版）（日本評論社，2019）
　　　　「もうひとつの一般相対論入門」（日本評論社，2010）
　　　　「情けは宇宙のためならず　物理学者の見る世界」（毎日新聞出版，2018）ほか

編著者紹介

谷口　義明 (たにぐち　よしあき)　・執筆章→1・2・3

1954 年　北海道名寄市に生まれる
1978 年　東北大学理学部天文学および地球物理学科第一卒業
1984 年　東北大学大学院理学研究科博士課程天文学専攻中退
現在　　放送大学　教授・理学博士
専攻　　天文学
主な著書　「宇宙を読む」（中央公論新社，2006）
　　　　「宇宙進化の謎」（講談社，2011）
　　　　「谷口少年，天文学者になる」（海鳴社，2015）
　　　　「銀河宇宙観測の最前線」（海鳴社，2017）
　　　　「銀河1　銀河と宇宙の階層構造」第2版代表編集者（日本評論社，2018）
　　　　ほか多数

放送大学教材　1562924-1-1911（テレビ）

宇宙の誕生と進化

発　行	2019 年 3 月 20 日　第 1 刷 2021 年 1 月 20 日　第 2 刷
編著者	谷口義明
発行所	一般財団法人　放送大学教育振興会 〒105-0001　東京都港区虎ノ門 1-14-1　郵政福祉琴平ビル 電話　03（3502）2750

市販用は放送大学教材と同じ内容です。定価はカバーに表示してあります。
落丁本・乱丁本はお取り替えいたします。

Printed in Japan　ISBN978-4-595-31968-6　C1344